智能制造领域高素质技术技能人才培养系列教材

自动控制系统

郝建豹　林子其　编

机械工业出版社

本书根据教学改革的最新要求,结合工作岗位的需求,以自动化领域中常用的直流电动机调速系统为对象,采用"任务驱动、项目导向"的工学结合的模式编写。

本书包括自动控制系统认知、自动控制系统数学模型建立、自动控制系统的时域分析、自动控制系统的频域分析、自动控制系统的校正和自动控制系统的工程应用6个项目,并在每个项目中都介绍了应用MATLAB和Simulink进行的仿真实验,简化了当前大多数自动控制原理教材中关于经典图解方法的叙述,突出了现代仿真工具的基本思想和用途。

本书可作为高职高专院校电气自动化技术、工业机器人技术及机电类等专业的教材,也可作为成人高校相关专业的教材或相关专业人士参考用书。

为方便教学,本书配有免费电子课件、视频、动画、习题答案、模拟试卷及答案等,供教师参考。凡选用本书作为授课教材的教师,均可来电(010-88379564)索取,或登录机械工业出版社教育服务网(www.cmpedu.com)网站,注册、免费下载。

图书在版编目(CIP)数据

自动控制系统/郝建豹,林子其编. —北京:机械工业出版社,2019.9(2025.7重印)

智能制造领域高素质技术技能人才培养系列教材

ISBN 978-7-111-63925-1

Ⅰ. ①自… Ⅱ. ①郝… ②林… Ⅲ. ①自动控制系统-高等职业教育-教材 Ⅳ. ①TP273

中国版本图书馆CIP数据核字(2019)第214571号

机械工业出版社(北京市百万庄大街22号 邮政编码100037)
策划编辑:冯睿娟 责任编辑:冯睿娟 王 荣
责任校对:潘 蕊 张 征 封面设计:严娅萍
责任印制:常天培
河北虎彩印刷有限公司印刷
2025年7月第1版第8次印刷
184mm×260mm · 12印张 · 295千字
标准书号:ISBN 978-7-111-63925-1
定价:45.00元

电话服务　　　　　　　　网络服务
客服电话:010-88361066　　机 工 官 网:www.cmpbook.com
　　　　　010-88379833　　机 工 官 博:weibo.com/cmp1952
　　　　　010-68326294　　金 书 网:www.golden-book.com
封底无防伪标均为盗版　　　机工教育服务网:www.cmpedu.com

前　言

本书是在培养高职高专院校高素质技术技能人才的背景下，结合行业需求和高职学生的知识结构特点而编写的自动化类专业的核心基础理论课程的教材。

本书采用"任务驱动、项目导向"的工学结合模式编写。为了充分体现任务引领、实践项目导向的编写思路，本书以自动化领域中常用的直流电动机调速系统的建模、性能分析为主线，以高职高专学生必须具备的岗位职业能力为依据，遵循高职高专学生认知规律，将理论和实践内容加以融合。本书以项目为单位，引出相关专业理论知识，使学生在完成各个项目训练的过程中逐渐理解专业知识，掌握相关技能，培养学生的综合职业能力，满足学生职业生涯发展的需要。

本书有如下特点：特别注重完善内容的体系结构，以自动控制为主线，强调自动控制的基本概念、基本原理和基本分析方法，内容精炼，重点突出，淡化烦琐的理论推导，注重理论与实际的结合；充分考虑高职高专学生的特点，在理论完整的前提下，内容力求深入浅出，注重培养学生的能力，帮助学生树立工程意识；将传统控制理论与计算机的应用相结合，引入了 MATLAB 软件，不仅介绍了该软件在控制系统中的辅助分析功能，还对仿真结果进行了分析。

本书由郝建豹、林子其编写，中海机器人科技（广州）有限公司工程师杨文发参与编写，郝建豹编写项目1、2、3、5及附录，林子其编写项目4和6，杨文发整理编写全书实例及例题。

在本书编写过程中参考了相关文献和著作，在此向这些文献的作者致以诚挚的谢意。

期待专家与读者对书中的错误和不足之处提出宝贵的意见，以便进一步修改和完善。

编　者

目 录

前 言

项目 1　自动控制系统认知　1

1.1　项目导读　2
　　1.1.1　基本要求　2
　　1.1.2　扩展要求　2
　　1.1.3　学生需提交的材料　2
1.2　自动控制基础知识　3
　　1.2.1　自动控制的定义及系统组成　3
　　1.2.2　自动控制系统的基本控制方式　5
　　1.2.3　自动控制系统的分类　7
　　1.2.4　自动控制系统的品质要求　8
1.3　自动控制扩展知识　9
1.4　MATLAB 软件认知　11
1.5　自动控制系统实例分析　18
1.6　自动控制系统技能训练　20
　　1.6.1　训练任务　20
　　1.6.2　训练内容　21
　　1.6.3　考核评价　22
项目总结　23
习题　24

项目 2　自动控制系统数学模型建立　26

2.1　项目导读　27
　　2.1.1　基本要求　27
　　2.1.2　扩展要求　27
　　2.1.3　学生需提交的材料　27
2.2　数学建模基础知识　27
　　2.2.1　自动控制系统的微分方程　28
　　2.2.2　自动控制系统的复数域数学
　　　　　　模型（传递函数）　31
　　2.2.3　自动控制系统的基本环节　34
　　2.2.4　自动控制系统的结构图　35
　　2.2.5　自动控制系统的传递函数　40
2.3　直流电动机转速自动控制系统参考模型建立　41

2.3.1	微分方程模型	41
2.3.2	传递函数模型	42
2.3.3	结构图模型	43
2.4	自动控制系统扩展知识	43
2.4.1	机电系统典型元件	43
2.4.2	梅森公式	46
2.5	MATLAB 建模	46
2.5.1	MATLAB 建立传递函数模型	46
2.5.2	Simulink 建立控制系统的结构图模型	48
2.5.3	MATLAB 在系统结构图化简中的应用	49
2.6	自动控制系统建模技能训练	50
2.6.1	训练任务	50
2.6.2	训练内容	50
2.6.3	考核评价	52
项目总结		52
习题		53

项目3 自动控制系统的时域分析 56

3.1	项目导读	57
3.1.1	基本要求	57
3.1.2	扩展要求	57
3.1.3	学生需提交的材料	57
3.2	时域分析基础知识	57
3.2.1	典型输入信号	57
3.2.2	时域性能指标	60
3.2.3	一阶系统的时域分析	61
3.2.4	二阶系统的时域分析	64
3.2.5	控制系统的稳定性分析	67
3.2.6	控制系统的稳态性能分析	70
3.3	时域分析扩展知识	76
3.4	MATLAB 时域分析	76
3.4.1	MATLAB 分析线性系统稳定性	76
3.4.2	MATLAB 分析动态性能	78
3.4.3	MATLAB 计算稳态误差	82
3.4.4	Simulink 仿真	83
3.5	自动控制系统时域分析技能训练	84
3.5.1	训练任务	84
3.5.2	训练内容	84
3.5.3	考核评价	86
项目总结		86
习题		87

项目4 自动控制系统的频域分析 90

| 4.1 | 项目导读 | 91 |

  4.1.1　基本要求 …… 91
  4.1.2　扩展要求 …… 91
  4.1.3　学生需提交的材料 …… 91
 4.2　频域分析基础知识 …… 91
  4.2.1　频率特性的基本概念 …… 92
  4.2.2　典型环节的频率特性 …… 94
  4.2.3　控制系统的开环频率特性及其绘制 …… 101
  4.2.4　控制系统稳定性的频域分析 …… 107
  4.2.5　根据开环频率特性分析控制系统的动态性能 …… 111
  4.2.6　根据闭环频率特性分析控制系统的动态性能 …… 114
 4.3　频域分析扩展知识 …… 116
 4.4　MATLAB 频域分析 …… 116
  4.4.1　线性控制系统传递函数到频率特性的转换 …… 116
  4.4.2　控制系统频率特性分析 …… 117
 4.5　自动控制系统频域分析技能训练 …… 120
  4.5.1　训练任务 …… 120
  4.5.2　训练内容 …… 120
  4.5.3　考核评价 …… 121
 项目总结 …… 122
 习题 …… 123

项目 5　自动控制系统的校正 …… 124

 5.1　项目导读 …… 125
  5.1.1　基本要求 …… 125
  5.1.2　扩展要求 …… 125
  5.1.3　学生需提交的材料 …… 125
 5.2　自动控制系统校正基础知识 …… 126
  5.2.1　基本概念 …… 126
  5.2.2　基本控制规律——PID 控制 …… 128
  5.2.3　串联校正及其特性 …… 133
  5.2.4　反馈校正及其特性 …… 140
  5.2.5　复合校正及其特性 …… 142
 5.3　自动控制系统校正扩展知识 …… 143
 5.4　MATLAB 频域法校正 …… 146
 5.5　自动控制系统校正技能训练 …… 150
  5.5.1　训练任务 …… 150
  5.5.2　训练内容 …… 150
  5.5.3　考核评价 …… 151
 项目总结 …… 152
 习题 …… 153

项目 6　自动控制系统的工程应用 …… 156

 6.1　项目导读 …… 157

  6.1.1 基本要求 ·· 157
  6.1.2 扩展要求 ·· 157
  6.1.3 学生需提交的材料 ·· 157
 6.2 自动控制系统工程应用的基础知识 ·· 157
  6.2.1 传感器 ··· 158
  6.2.2 G120 变频器 ··· 159
  6.2.3 主控制器 S7 - 1200 PLC ··· 159
  6.2.4 应用 S7 - 1200 PLC 对电动机进行速度检测和 PID 控制调速 ············ 161
 6.3 自动控制系统工程应用的扩展知识 ·· 173
 6.4 自动控制系统工程应用技能训练 ·· 174
  6.4.1 训练任务 ·· 174
  6.4.2 训练内容 ·· 175
  6.4.3 考核评价 ·· 176
 项目总结 ··· 176
 习题 ·· 177

附录 ·· 178
 附录 A 传递函数的数学工具——拉普拉斯变换与反变换 ······························ 178
 附录 B 自动控制的物理基础 ·· 182

参考文献 ··· 184

项目1

自动控制系统认知

 学习目标

职业技能	掌握自动控制系统的简单分析能力
职业知识	了解本课程学习的主要内容,掌握自动控制理论基本知识
职业素养	培养学生对控制系统的理解能力和分析能力,认识到自动控制在人们日常生活及工业生产中的重要地位,及本课程与职业岗位的关系,知道通过本课程的学习能够获得哪些专业技能和专业知识,进而对该课程学习产生兴趣

 教学内容及要求

知识要求	初步了解本课程完成的工程项目,掌握自动控制的基本概念、自动控制的任务,掌握自动控制理论的主要内容
技能要求	掌握分析实际生活及工业生产中自动控制系统的能力
实践内容	了解现实生活中简单控制系统的组成及类型,会使用自动控制工具软件 MATLAB 的常用功能
教学重点	根据控制系统工作原理图绘制原理框图,理解控制系统性能的要求
教学难点	理解控制系统性能的要求

 项目分析

本项目的教学对象是对控制系统有初步了解的学生,控制的相关知识对于他们来说还蒙着一层神秘的面纱。虽然他们的生活经验不是很丰富,但好奇心较强,思维活跃,根据他们现有的认知水平和认知风格,还是很容易接受本项目的内容的。

项目实施方法

1.1 项目导读

人们日常活动的每一个方面几乎都受到了某种控制系统的影响,从交通工具(汽车巡航控制系统使汽车自动保持在设定车速,制动防抱死系统自动防止汽车在湿滑的路面上打滑)、通信手段到家用电器等,再到工业领域如自动化生产线、机床控制、计算机控制及机器人等,自动控制系统大大改变了人们的生活方式和工作方式。为提高学习效果,同时便于日后学习自动控制系统更容易上手,现在学生可以以一个初学者的观点对自己所熟悉的某一自动控制系统提出自己初步的看法。利用学校的图书馆以及互联网来找寻自动控制相关书籍和资料,在阅读后,写出此门学科概论。

1.1.1 基本要求

1. 在实训室中,认识直流电动机调速系统装置。要求如下:
1) 能严格执行实训室的作业标准、安全和技术规范。
2) 实验前认真检查实验台面的仪器设备状态及其放置位置,实验后要回归原处。
3) 了解调速系统结构组成的每个部分,知道常用直流电动机调速系统结构,理解基本构造及工作原理。
4) 指导教师讲解如何连接调速系统后,学生动手连接系统,在通电之前,应先让指导教师检查接线情况。
2. 对自己所熟悉的自动控制系统提出看法。要求如下:
1) 此自动控制系统的任务是什么?由哪几部分组成?每一部分在系统中起何作用?
2) 人在自动控制系统中是否起作用?若起作用,起何作用?
3) 此自动控制系统的实际效果与预期的是否一致?应怎样改善?
4) 自动控制系统有没有检测环节?

1.1.2 扩展要求

1) 你认为应该从哪几个方面评价此自动控制系统?
2) 如何有效地描述此自动控制系统?
3) 概论内容应包括自动控制系统与本专业的关系以及未来展望等。

1.1.3 学生需提交的材料

1) 自动控制系统认识报告书一份。
2) 自动控制系统基本概论一篇。

1.2 自动控制基础知识

1.2.1 自动控制的定义及系统组成

直流电动机具有很好的调速性能和较大的起动转矩。直流电动机在精密机床、自动化设备、电工机械、工业机器人、自动武器及雷达跟踪等领域得到广泛应用。在应用的过程中，速度控制是直流电动机经常遇到的问题之一。

直流电动机转速控制系统如图1-1所示，其控制目标是使直流电动机以恒定的转速带动负载工作。系统的工作原理是：调节电位器RP的滑臂，使其输出给定参考电压u_r。u_r经电压放大和功率放大后成为u_a，送到电动机的电枢端，用来控制电动机转速。在负载恒定的条件下，直流电动机的转速ω_m与电枢电压u_a成正比，只要改变给定电压u_r，便可得到相应的电动机转速ω_m。

如果负载恒定，电动机及放大器参数也不变化，那么，如果给定电压u_r不变，电动机转速也不会变。但这只是理想情况，电动机负载实际上是经常变化的，电动机、放大器的参数也会漂移，因此，即使保持给定电压不变，电动机转速也会变化，不能达到控制的目的。如果用人工控制，则可以观测转

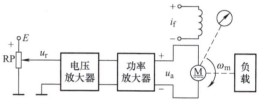

图1-1 直流电动机转速控制系统

速表的指示值，调节电位器RP的滑臂，从而使电动机转速保持在期望值。例如，当负载增大使速度下降时，控制者调节触点位置，增大u_r，使u_a增大，从而使电动机转速回升，反之亦然。

此系统是由人工控制的，可以看出，人在控制过程中起三个作用：
1）观测：用眼睛去观测转速表的指示值。
2）比较与决策：人脑把观测得到的转速与要求的转速相比较，并进行判断。
3）执行：根据控制量用手去具体调节，如改变触点位置。

可见，在此系统中，人起着非常重要的作用。显然，在负载变化较慢的情况下，采用人工控制是可以完成任务的。但若负载变化较快，人就会跟不上变化而达不到控制的目的，也就不能准确和迅速地进行控制了。另外，在某些场合，即使人工控制可以满足要求，但工作繁重、单调，工作条件差，为了提高生产率，提高产品质量，改善劳动条件，也要求将人从这些单调、繁重的劳动中解放出来，去从事更高级的创造性的劳动。所以此时要求用一些设备来代替人的功能，进行自动控制。

为解决这个问题，我们加入一台测速发电机（测速发电机与被测机构同轴连接时，只要检测出输出电动势，就能获得被测机构的转速，故又称速度传感器。测速发电机广泛用于各种速度或位置控制系统），并对电路稍做改变，便构成了如图1-2所示的直流电动机转速自动控制系统。

测速发电机输出电压与直流电动机转速成正比，当电动机转速比期望值大时，u_f大，$\Delta u = u_r - u_f$变小，u_a变小，从而使电动机转速降低；反之，当电动机转速比期望值小时，

u_f 小，$\Delta u = u_r - u_f$ 变大，u_a 变大，从而使电动机转速增加。因此，无论负载的变化使电动机的速度增加还是减少，此系统都能使电动机保持期望转速运行。

在此修改后的控制系统中，人不必直接参与控制，完全靠系统本身来完成控制功能。由此可见，所谓自动控制，是指在没有人直接参与的条件下，利用控制装置使被控对象的某些物理量（或状态）自动地按照预定的规律去运行。而自动控制系统，就指能够对被控对象的工作状态进行自动控制的系统。

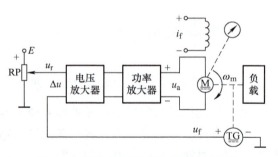

图 1-2　直流电动机转速自动控制系统

自动控制系统的种类较多，被控制的物理量有各种各样，如温度、压力、流量、电压、转速、位移和力等。虽然组成这些控制系统的元、部件有较大的差异，但是系统的基本结构比较相似，并且一般都是用机械、电子、液压或气动装置代替人工控制。概括起来，自动控制系统一般由如下基本环节（元件）组成。

(1) 被控对象　被控对象是指要进行控制的设备。它是控制系统的主体。控制系统所要控制的就是被控对象中的某个物理量，这个物理量称为被控量，也就是系统的输出。直流电动机转速控制系统中的电动机就是被控对象，而电动机的转速就是被控量。

(2) 执行机构　执行机构由传动装置及调节机构组成，其功能是直接推动被控对象，改变其被控物理量，使输出量与希望值趋于一致。伺服电动机、液压/气动伺服电动机、阀门等都可作为执行机构。执行机构是相当于人工控制时人手的功能部件。

(3) 给定装置　给定装置又称为给定元件，用于产生被控量的给定值，也就是系统的输入。

(4) 检测装置　检测装置又称为测量元件，用来测量被控量，并将被控量转化成与给定量相同的物理量，以便于在输入端进行比较。检测装置的精度与性能直接影响控制的质量。检测装置一般有热电偶、测速发电机以及各类传感器。检测装置是相当于人工控制时眼睛的功能部件。

(5) 比较环节　比较环节将检测装置的输出与给定值进行叠加，得到偏差。比较环节常采用集成运算放大器、电桥等来实现。比较环节相当于人工控制时人脑的功能部件。

(6) 放大环节　由于偏差信号一般都较小，不足以驱动执行机构，故需要放大元件。有些情形下甚至需要几个放大元件。常用的放大元件有电压放大器（或电流放大器）、功率放大器等，放大元件的增益通常要求可调。

(7) 校正环节　校正环节也叫补偿元件，控制的效果或质量不理想时，需要校正环节，它是调整结构与参数的元件，以串联或反馈的方式连接在系统中，完成所需的运算功能，以改善系统的性能。最简单的校正元件是由电阻、电容组成的无源或有源网络，复杂的有电子计算机。另外，在工业生产中广泛采用的 PID 控制也属于校正环节。校正环节将在项目 5 详细讨论。

对于以上控制系统的环节，有时又把起综合、分析、比较、判断和运算作用的环节，即比较环节、校正环节、放大环节合在一起称为控制装置或控制器。

在研究自动控制系统的工作原理时，为了清楚地表示系统的结构和组成，说明各环节间信号传递的因果关系，人们在分析系统时常采用方框 + 环节特征说明的方式来表示，并用箭头标明各环节之间信号（能量或作用量）之间的传递情况。系统的这种表示方法称为原理框图。

> 原理框图的绘制原则是：
> 1) 组成系统的每一环节（或元件）用一方框表示，符号为"□"。
> 2) 环节间用带箭头的线段"→"连接起来，此线段称为信号线（或作用线），箭头的方向表示信号的传递方向，即作用方向，信号只能单方向传递。一个环节的输入信号是环节发生运动的原因，而其输出信号是环节发生运动的结果。
> 3) 信号的比较点用"⊗"表示，它有对几个信号进行求（代数）和的功能。一般在多个输入信号的信号线旁边标以"+"或"-"，表示各输入信号的极性。

自动控制系统的基本组成原理框图可由图 1-3 表示。

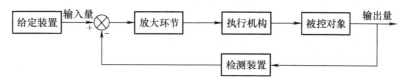

图 1-3　自动控制系统的基本组成原理框图

用原理框图表示的优点就在于，避免去画复杂的系统图形，可以把系统主要环节之间的相互作用关系简单而明了地表达出来。经过简单抽象，就可以把一个实际系统变换成为一个满足某种控制规律便于理论分析的原理系统。

为了描述控制系统，还需要定义一些附加的术语。

(1) 反馈　将检测出来的输出量送回到系统的输入端，并与输入量比较的过程称为反馈。通过检测元件将输出量转变成与给定信号性质相同且数量级相同的信号为反馈量。直流电动机转速控制系统中测速发电机的输出电压就是反馈量。

(2) 扰动量　又称干扰或"噪声"（Noise），是一种对系统的输出量产生不利影响的信号。直流电动机转速控制系统中负载的变化、电网电压的波动都属于扰动。干扰信号是系统不希望的信号，它可能来自系统的内部或系统的外部，它们进入系统的作用点也可能不同，但都是影响系统控制质量的不利因素。当扰动产生于系统的外部时，则此时的扰动为系统的输入量，应加以利用或消除。

(3) 中间变量　系统中各环节之间的作用量。它是前一环节的输出量，也是后一环节的输入量。图 1-2 中的 Δu、u_a 等就是中间变量。

1.2.2　自动控制系统的基本控制方式

自动控制的基本方式有三种：开环控制、闭环控制及将两者结合的复合控制。每种控制方式都有各自的特点及不同的适用场合。本部分只讨论开环控制与闭环控制。

1. 开环控制

开环控制是一种最简单的控制形式，其特点是：在控制器与被控对象之间只有正向控制作用，没有反馈控制作用。控制系统的输出量对系统没有控制作用，这种系统是开环控制系统。其系统框图如图1-4所示。在图1-1所示电动机转速控制系统中，如果没有人参与，就是开环控制系统。这时，系统仅受控制量的控制，输出对系统的控制没有作用，这也是开环控制系统的特点。

图1-4　开环控制系统框图

在任何开环控制中，系统的输出量都不被用来与参考输入进行比较，因此，对应于每一个参考输入量，便有一个相应的固定工作状态与之对应，这样，系统的精度便取决于校准的精度（为了满足实际应用的需要，开环控制系统必须精确地予以校准，并且在工作过程中保持这种校准值不发生变化）。当出现扰动时，开环控制系统就不能实现既定任务了，如果输入量与输出量之间的关系已知，并且不存在内扰与外扰，则可以采用开环控制。沿着时间坐标轴单向运行的任何系统，都是开环控制系统，例如采用时基信号的交通管制。洗衣机也是开环控制系统的例子。浸湿、洗涤和漂清过程，在洗衣机中是依次进行的，在洗涤过程中，无须对其输出信号，即衣服的清洁程度进行测量。

开环控制系统的优点是无反馈环节，一般结构简单、调整方便、系统稳定性好、成本低；缺点是控制过程受到各种扰动因素影响时，将会直接影响输出量，而系统不能自动进行补偿。特别是无法预计的扰动因素使输出量产生的偏差超过允许的限度时，开环控制系统便无法满足技术要求。所以开环控制系统一般应用在输出量和输入量之间的关系固定，且内部参数或外部负载等扰动因素不大，或这些扰动因素产生的误差可以预先确定并能进行补偿的场合。

2. 闭环控制

闭环控制的特点是：在控制器与被控对象之间不仅有正向控制作用，而且还有反馈控制作用。闭环控制又可称为反馈控制，因为控制作用是由输入信号和输出信号反馈到输入的信号共同来进行控制的。反馈控制是自动控制系统最基本的控制方式，也是应用最广泛的控制方式。系统的输出量返回到输入端并对控制过程产生影响的控制系统称为闭环（反馈）控制系统。其系统原理框图如图1-5所示。图1-2所示的直流电动机转速自动控制系统就是闭环控制系统。

反馈控制系统分为正反馈和负反馈两种情况，负反馈的特点可以从"负"字上得到很好的理解，负反馈使输出起到与输入相反的作用，主要是通过输入、输出之间的差值作用于控

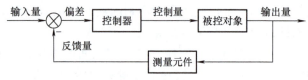

图1-5　闭环控制系统原理框图

制系统的其他部分。这个差值就反映了人们要求的输出和实际的输出之间的差别。控制器的控制策略是不停减小这个差值，以使系统趋于稳定。负反馈形成的系统，控制精度高，系统运行稳定。对负反馈的研究是控制论的核心问题。

正反馈使输出起到与输入相似的作用，使系统偏差不断增大，使系统振荡，可以放大控制作用。试想，如果在一个控制电路中引入了类似正弦波振荡电路的正反馈，其结果会如何？

下面仍以电动机自动调速系统为例说明正反馈的概念。若将测速发电机的正负极性反接一下，就成为正反馈系统。此时 $\Delta u = u_r + u_f$，所以，当电动机转速升高时，u_f 增加，$\Delta u = u_r + u_f$ 增加，则 u_a 增加，电动机转速会进一步增加，如此循环，电动机转速越来越高；反之，若扰动使电动机转速下降，则 u_f 减少，u_a 减小，则电动机转速会进一步减少。可见，正反馈助长了系统扰动的影响。

闭环控制的实质就是利用负反馈，使系统具有自动修正被控制量（输出量）偏离参考给定量（输入量）的控制功能，此种系统可以抑制内、外扰动引起的误差，达到自动控制并提高控制精度的目的。由于闭环系统可能引起过调，因而带来了系统稳定性的问题。本书所述的自动控制系统即是负反馈控制系统。

闭环控制的优点是可以自动进行补偿，抗干扰能力强，精度高；缺点是闭环控制要增加检测、反馈比较、调节器等部件，会使系统复杂、成本提高，而且闭环控制会带来副作用，使系统的稳定性变差，甚至造成不稳定。闭环控制系统主要应用在输入量与输出量关系为未知，内外扰动对系统影响较大的场合。

1.2.3 自动控制系统的分类

随着自动控制系统的广泛应用，其系统也日益复杂和完善，比如由具有常规控制仪表和控制器的连续控制系统发展到由计算机作为控制器的直接数字控制系统。为了更好地了解自动控制系统的特点，下面介绍自动控制系统的分类。分类方法很多，这里主要介绍其中比较重要的几种。

1. 按输入信号特征分类

（1）恒值控制系统　输入为恒定的控制系统称为恒值控制系统。这类控制系统的任务是保证在扰动作用下使被控变量始终保持在给定值上。在生产过程中的恒温、恒压、恒速等大量的控制系统都属于这一类系统，如前面提到的直流电动机转速控制系统就属于此类。

（2）随动控制系统　输入为事先不知如何变化的系统称为随动控制系统。这类控制系统的任务是保证在各种条件下系统的输出（被控变量）以一定精度随输入信号的变化而变化，所以这类控制系统又称为跟踪控制系统，如雷达无线跟踪系统，当被跟踪目标位置未知时属于这类系统。

（3）程序控制系统　给定信号按时间函数变化的控制系统称为程序控制系统。这类控制系统的参考输入量是按预定规律随时间变化的函数，要求被控制量迅速、准确地复现。机械加工使用的数字程序控制机床、热处理炉温度控制系统（热处理炉温度控制系统的升温、保温、降温过程都是按照预先设定的规律进行控制的）等系统都属于程序控制系统。

2. 按信号传递的连续性分类

（1）连续控制系统　系统中各元件的输入信号和输出信号都是时间的连续函数。这类系统的运动状态是用微分方程来描述的。

（2）离散控制系统　控制系统中只要有一个组成环节的输入信号或输出信号在时间上是离散的，就称为离散控制系统。随着计算机的发展，利用数字计算机进行控制的系统越来越多。连续信号经过开关的采样可以转换成离散系统，离散系统用差分方程描述。工业计算机控制系统就是典型的离散系统。

1.2.4 自动控制系统的品质要求

为了实现自动控制，必须对控制系统提出一定的要求。对于一个闭环控制系统而言，当输入量和扰动量均不变时，系统输出量也恒定不变，这种状态称为平衡状态，或称为静态、稳态。显然，系统在稳态时的输出量是人们关心的，当输入量或扰动量发生变化，反馈量将与输入量之间产生新的偏差，通过控制器的作用，从而使输出量最终稳定，即达到一个新的平衡。但由于系统中各环节总存在惯性，系统从一个平衡点到另一个平衡点无法瞬间完成，即存在一个过渡过程，这称为动态过程或暂态过程。

过渡过程不仅与系统的结构和参数有关，也与参考输入和外加扰动有关。此外，人们关心系统是否会稳定，如果会稳定，系统到达新的平衡状态需要多少时间。通过上面的分析可知，对于一个自动控制系统，需要从如下三方面进行分析。

1. 稳定性

稳定性是对控制系统最基本的要求，是保证控制系统正常工作的先决条件。所谓系统稳定，一般指当系统受到扰动作用后，系统的被控制量偏离了原来的平衡状态，但当扰动撤离后，经过若干时间，系统若仍能返回到原来的平衡状态，则称系统是稳定的。一个稳定的系统，在其内部参数发生微小变化或初始条件改变时，一般仍能正常进行地工作。考虑到系统在工作过程中的环境和参数可能产生变化，因而要求系统不仅能稳定，而且在设计时还要留有一定的裕量。稳定性通常由系统的结构决定，与外界因素无关。

2. 快速性

快速性是指对过渡过程的形式和快慢提出要求，一般称为动态性能或暂态性能。动态性能指标一般可以用上升时间、调整时间和峰值时间来表示，这些内容将在时域分析中详细介绍。

3. 准确性

系统的准确性也称稳态精度或稳态性能，通常用它的稳态误差来表示。如果在参考输入信号作用下，当系统达到稳态后，其稳态输出与参考输入所要求的期望输出之差叫作给定稳态误差。显然，这种误差越小，表示系统输出跟踪输入的精度越高。系统在扰动信号作用下，其输出必然偏离原平衡状态，但由于系统自动调节的作用，其输出量会逐渐向原平衡状态方向恢复。当达到稳态后，系统的输出量若不能恢复到原平衡状态时的稳态值，由此所产生的差值称为扰动稳态误差。这种误差越小，表示系统抗扰动的能力越强，其准确性也越高。

工程上常常从稳、快、准三个方面来评价系统的总体性能，由于被控对象运行目的不同，各类系统对上述三方面性能要求的侧重点是有差异的。例如随动系统对快速性和准确性的要求较高，而恒值控制系统一般侧重于稳定性和抗扰动的能力。在同一个系统中，上述三个方面的性能要求通常也是相互制约的。例如，为了提高系统的快速性和准确性，就需要增大系统的放大能力，而放大能力的增强，必然引起系统动态性能的变差，甚至会使系统变的不稳定。反之，若强调系统动态过程平稳性的要求，系统的放大倍数就应较小，从而导致系统准确性的降低和动态过程的变慢。由此可见，系统动态响应的快速性、准确性与系统稳定性之间存在着矛盾，在设计系统时必须针对具体的系统要求，均衡考虑各指标。

1.3 自动控制扩展知识

控制理论是自动化的基础，而自动化又是将人类从繁重的（甚至是危险的）体力劳动中解放出来，提高劳动生产率和产品质量的关键技术。控制理论是在人类征服自然的生产实践活动中孕育、产生，并随着社会生产和科学技术的进步而不断发展、完善起来的。下面我们关注下控制理论的发展历程。

第一阶段：自动控制理论

自动控制理论即经典控制理论，早在两千多年前我国发明的指南车（见图1-6a），就是一种开环自动调节系统，指南车设计的关键在于对自动离合齿轮系统的应用，这种轮系结构相当于现代机械结构中的差动齿轮系统。用英国著名科学史专家李约瑟的话说，中国古代的指南车"可以说是人类历史上迈向控制论机器的第一步"。而北宋时期苏颂等制造的水运仪像台（见图1-6b），就是一个按负反馈原理构成的闭环非线性自动控制系统。

a) 指南车　　　　　　　　　b) 水运仪像台

图1-6　指南车和水运仪像台

1788年，英国人瓦特在他发明的蒸汽机上使用了离心调速器，解决了蒸汽机的速度控制问题，引起了人们对控制技术的重视。有时为了提高调速精度，蒸汽机速度反而出现大幅度振荡，其后相继出现的其他自动控制系统也有类似的现象。由于当时还没有自动控制理论，所以不能从理论上解释这一现象。为了解决这个问题，不少人对提高离心式调速机的控制精度进行了改进研究。有人认为系统振荡是因为调节器的制造精度不够，从而努力改进调节器的制造工艺，这种盲目的探索持续了大约一个世纪之久。

实践中出现的问题，促使科学家们从理论上进行探索研究。1868年，英国的麦克斯韦发表了论文《论调速器》，第一次指出不应该单独讨论一个离心锤，必须从整个控制系统出发推导出微分方程，然后讨论微分方程解的稳定性，从而分析实际控制系统是否会出现不稳定现象。这样，控制系统稳定性的分析，变成了判别微分方程的特征根的实部的正、负号问题。麦克斯韦的这篇著名论文被公认为是自动控制理论的开端。

此后，英国数学家劳斯和德国数学家赫尔维茨分别在1877年和1895年独立地建立了直接根据代数方程的系数判别系统稳定性的准则。这些方法奠定了经典控制理论中时域分析法的基础。

1932年，美国物理学家奈奎斯特运用复变函数理论建立了以频率特性为基础的稳定性判据，奠定了频率响应法的基础。随后，伯德进一步将频率响应法加以发展，形成了经典控制理论的频域分析法，为工程技术人员提供了一个设计反馈控制系统的有效工具。

1948年，美国科学家伊万斯创立了根轨迹分析方法，为分析系统性能随系统参数变化的规律性提供了有力工具，被广泛应用于反馈控制系统的分析、设计中。

以传递函数作为描述系统的数学模型，以时域分析法、根轨迹法和频域分析法为主要分析设计工具，构成了经典控制理论的基本框架。到20世纪50年代，经典控制理论发展到相当成熟的地步（我国著名科学家钱学森将控制理论应用于工程实践，并于1954年出版了《工程控制论》），形成了相对完整的理论体系，为指导当时的控制工程实践发挥了极大的作用。

自动控制理论最大的成果之一就是PID控制。本书主要讲解自动控制理论的内容。

第二阶段：现代控制理论

自动控制理论研究的对象基本上是以线性定常系统为主的单输入单输出系统，还不能解决如时变参数问题，多变量、强耦合等复杂的控制问题。

到20世纪60年代初，一套以状态方程作为描述系统的数学模型，以最优控制和卡尔曼滤波为核心的控制系统分析、设计的新原理和方法基本确定，现代控制理论应运而生。

现代控制理论主要利用计算机作为系统建模分析、设计乃至控制的手段，适用于多变量、非线性、时变系统。现代控制理论在航空、航天、制导与控制中创造了辉煌的成就，使人类迈向宇宙的梦想变为现实。

第三阶段：智能控制理论

20世纪80年代，为了解决现代控制理论在工业生产过程应用中所遇到的被控对象精确状态空间模型不易建立、合适的最优性能指标难以构造、所得的最优控制器往往过于复杂等问题，科学家们不断提出一些新的控制方法和理论，如自适应控制、模糊控制、神经网络控制、鲁棒控制、学习控制和大系统/复杂系统控制等，大大地扩展了控制理论的研究范围。

智能控制的主要目标是使控制系统具有学习和自适应能力，在工程技术领域主要应用于机器人、机械手等，如图1-7所示。

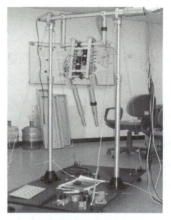

a) 工业机械手　　　　　　　　b) 三关节欠驱动单杠体操机器人

图1-7　工业机械手和三关节欠驱动单杠体操机器人

随着电子技术和计算机技术的迅猛发展,犹如为自动控制技术安上两只翅膀,自动控制技术将在越来越多的领域发挥越来越重要的作用。因此,各个领域的工程技术人员和科学工作者,都必须具备一定的自动控制知识。

控制理论目前还在向更纵深、更广阔的领域发展,控制工程师已把人类的许多希望与梦想变为现实。不管控制理论如何发展,现实中形形色色的控制系统都是由一些具有典型功能的元器件与电子线路所组成的,因此读者了解和掌握自动控制系统中这些常用的基本元器件和线路是十分必要的。

1.4 MATLAB 软件认知

MATLAB 在当今科学界(尤其是自动控制领域)应用广泛。MATLAB 产品家族是美国 MathWorks 公司开发的用于概念设计、算法开发、建模仿真、实时实现的理想的集成环境。由于其完整的专业体系和先进的设计开发思路,使得 MATLAB 在多个领域都有广阔的应用空间,特别是在 MATLAB 的主要应用方向——科学计算、建模仿真以及信息工程系统的设计开发上已经成为行业内的首选设计工具。

MATLAB 工具箱是整个体系的基座,它是一个语言(M 语言)编程型开发平台,也具有强大的数学计算能力。MATLAB 产品体系的演化历程中最重要的一个体系变更是引入了 Simulink,用来对动态系统建模仿真。其框图化的设计方式和良好的交互性,对工程人员本身操作计算机与编程的熟练程度的要求降到了最低,工程人员可以把更多的精力放到理论和技术的创新上去。

由于 MATLAB 的优势及其丰富的 Toolbox 资源的支持,使得用户可以方便地进行具有开创性的建模与算法开发工作,并通过 MATLAB 强大的图形和可视化能力反映算法的性能和指标。所得到的算法则可以在 Simulink 环境中以模块化的方式实现,通过系统建模,进行系统的动态仿真以得到算法在系统中的动态验证。

1. MATLAB 环境

首先简单介绍 MATLAB7.0 的界面。MATLAB7.0 安装完成后,在程序栏里便有了 MATLAB7.0 选项,桌面上出现 MATLAB 的快捷方式,双击桌面上 MATLAB 的快捷方式或程序里 MATLAB7.0 选项即可启动 MATLAB7.0,启动 MATLAB7.0 后界面如图 1-8 所示,它大致包括以下几个部分。

(1)菜单栏和工具栏 MATLAB 的菜单栏(单击即可打开相应的菜单)和工具栏(使用它们能使操作更快捷)与 Windows 程序的界面类似,只要稍加实践就可以掌握其功能和使用方法。

(2)Command Window(命令窗口) MATLAB 命令窗口是用来接受

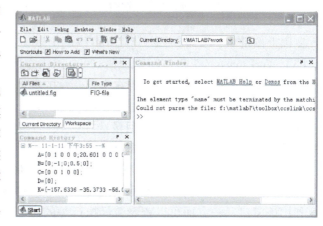

图 1-8 MATLAB 启动后界面

MATLAB 命令的窗口。在命令窗口中直接输入命令，可以实现显示、清除、储存、调出、管理、计算和绘图等功能。MATLAB 命令窗口中的符号">>"为运算提示符，表示 MATLAB 处于准备状态。当在提示符后输入一段程序或一段运算式后按<Enter>键，MATLAB 会给出计算结果并将其保存在工作空间管理窗口中，然后再次进入准备状态。MATLAB 常用管理命令见表 1-1。

表 1-1　MATLAB 常用管理命令

命令	管理功能
>> cd	显示当前工作目录
>> dir	显示当前工作目录或指定目录下的文件
>> clc	清除命令窗口中的所有内容
>> clf	清除图形窗口
>> quit（exit）	退出 MATLAB
>> type test	在命令窗口中显示文件 test.m 的内容
>> delete test	删除文件 test.m
>> which test	显示 test.m 的目录
>> what	显示当前目录或指定目录下的 M、MAT、MEX 文件

为了便于对输入的内容进行编辑，MATLAB 提供了一些控制光标位置和进行简单编辑的一些常用编辑键（见表 1-2），掌握这些编辑键可以在输入命令的过程中起到事半功倍的作用。

表 1-2　常用编辑键

命令	功能	命令	功能
↑	调用上一行	↓	调用下一行
←	光标左移一个字符	→	光标右移一个字符
Home	光标置于当前行首	End	光标置于当前行尾
Del	删除光标处的字符	Backspace	删除光标前的字符

在以上按键中，反复使用"↑"，可以调出以前键入的所有命令，进行修改、计算。

（3）Workspace（工作空间管理窗口）　工作空间管理窗口显示当前 MATLAB 的内存中使用的所有变量的变量名、变量的大小和变量的数据结构等信息，数据结构不同的变量对应着不同的图标。

（4）Current Directory（当前目录选择窗口）　当前目录选择窗口显示当前目录下所有文件的文件名、文件类型和最后修改时间。

（5）Command History（命令历史记录窗口）　命令历史记录窗口显示所有执行过的命令。在默认设置下，该窗口会保留自 MATLAB 安装后使用过的所有命令，并表明使用的时间。利用该窗口，一方面可以查看曾经执行过的命令；另一方面，可以重复利用原来输入的命令，这只需在命令历史窗口中直接双击某个命令，就可以执行该命令。

2. MATLAB 的变量

变量是任何程序设计语言的基本要素之一，与一般常规的程序设计语言不同的是，MATLAB 语言并不要求对所使用的变量进行事先声明，也不需要指定变量类型，它会自动根据赋予变量的值或对变量进行的操作来确定变量的类型并为其分配内存空间。在赋值过程中，如果变量已存在，MATLAB 将使用新值代替旧值，并以新的变量类型代替旧的变量类型。

MATLAB 中变量的命名规则是：
1) 变量名区分大小写。
2) 变量名的长度不超过 31 位，第 31 个字符之后的字符将被忽略。
3) 变量名必须以字母开头，之后可以是任意字母、数字或下划线，变量名中不允许使用标点符号。

例如，fun、hao123 都是变量名。

MATLAB 中有一些预定义的变量，这些特殊的变量称为常量，见表 1-3。

表 1-3 MATLAB 语言中的常量

常量名	常量值	常量名	常量值
i, j	虚数单位	realmin	最小可用正实数
pi	圆周率	realmax	最大可用正实数
eps	计算机的最小浮点数	inf	正无穷大，如 1/0
ans	存放结果的默认变量名	flops	浮点运算数

在 MATLAB 语言中，定义变量时应避免与常量名相同，以免改变常量的值。

3. MATLAB 的函数与基本运算符

MATLAB 语言中最基本最重要的成分是函数。一个函数由函数名、输入变量和输出变量组成。同一个函数，不同数目的输入变量和不同数目的输出变量，均代表不同的含义。MATLAB 常用函数见表 1-4，常用算术运算符见表 1-5。

表 1-4 MATLAB 常用函数

函数名	解释	MATLAB 命令	函数名	解释	MATLAB 命令
三角函数	$\sin x$	$\sin(x)$	反三角函数	$\arcsin x$	$\operatorname{asin}(x)$
	$\cos x$	$\cos(x)$		$\arccos x$	$\operatorname{acos}(x)$
	$\tan x$	$\tan(x)$		$\arctan x$	$\operatorname{atan}(x)$
	$\cot x$	$\cot(x)$		$\operatorname{arccot} x$	$\operatorname{acot}(x)$
幂函数	x^a	$x\char`\^ a$	对数函数	$\ln x$	$\log(x)$
	$\sqrt{x}$	$\operatorname{sqrt}(x)$		$\log_2 x$	$\log 2(x)$
指数函数	a^x	$a\char`\^ x$		$\log_{10} x$	$\log 10(x)$
	e^x	$\exp(x)$	绝对值函数	$\lvert x \rvert$	$\operatorname{abs}(x)$

表 1-5　MATLAB 常用算术运算符

算术运算	数学表达式	MATLAB 运算符	MATLAB 表达式
加	a+b	+	a+b
减	a-b	-	a-b
乘	a×b	*	a*b
除	a÷b	/或\	a/b 或 b\a
幂	a^b	^	a^b

4. 命令行基础

（1）简单的运算

例 1-1　求 $[30+3\times(6-4)]\div 3^2$。

解：在命令窗口输入以下内容：

>> (30+3*(6-4))/3^2　　%按<Enter>键,结果显示
ans =
　　4

（2）MATLAB 表达式的输入

例 1-2　已知 $y=f(x)=x^3+\sqrt[3]{x}-8\sin x$，求 $f(3)$。

解：在命令窗口输入以下内容：

>> x=3;y=x^3+x^(1/3)-8*sin(x)　　%按<Enter>键,结果显示
y =
　　27.3133

（3）用"↑"键重新显示以前使用过的语句

例 1-3　求 $y_1=\dfrac{2\sin(0.6\pi)}{1+\sqrt{7}}$；$y_2=\dfrac{2\cos(0.6\pi)}{1+\sqrt{7}}$。

解：在命令窗口输入以下内容：

>> y1=2*sin(0.6*pi)/(1+sqrt(7))　　%按<Enter>键,结果显示
y1 =
　　0.5000

按"↑"键重新显示：

>> y1=2*sin(0.6*pi)/(1+sqrt(7))

用"←"键修改为

>> y2=2*cos(0.6*pi)/(1+sqrt(7))　　%按<Enter>键,结果显示
y2 =
　　0.3633

> **注意**
>
> 1）若命令行有错误，MATLAB 会用红色字体提示。
>
> 2）同一行中若有多个表达式，则必须用分号或逗号隔开，若表达式后面是分号，将不显示结果。
>
> 3）在 MATLAB 的命令窗口中输入一个表达式或利用 MATLAB 进行编程时，如果表达式太长，可以用续行符号"…"将其延续到下一行。
>
> 4）编写 MATLAB 程序时，通常利用符号"%"对程序或其中的语句进行注释。

5. MATLAB 的图形功能

为了从直观上认识计算结果，可以通过 MATLAB 的图形功能将计算结果图形化。MATLAB 是通过描点、连线画图的，因此，在画二维图形和三维图形之前，必须先取得该图形上一系列点的坐标，然后利用 MATLAB 函数画图。

MATLAB 具有丰富的获取图形输出的程序集。绘制二维图形最常用的命令是 plot，对于不同形式的输入，该函数可以实现不同的功能。

（1）二维图形绘制 如果用户将 X 轴和 Y 轴的两组数据分别在向量 x 和 y 中存储，且它们的长度相同，则 plot(x, y) 命令将画出 y 值相对于 x 值的关系图。

如果想绘制出一个周期内的正弦曲线，则首先应采用 t = 0:0.01:2 * pi 命令来产生自变量 t；然后由命令 y = sin(t) 对 t 向量求出正弦向量 y，这样就可以调用 plot(t, y) 来绘制出所需的正弦曲线。在命令窗口输入以下内容：

> >> t = 0:0.01:2 * pi; y = sin(t); plot(t,y)
>
> % 按 <Enter> 键，图形结果如图 1-9 所示

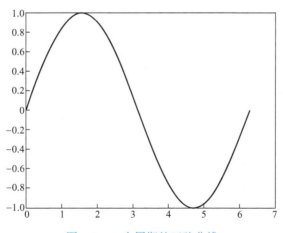

图 1-9 一个周期的正弦曲线

当要画出多条曲线时，只需将坐标对依次放入 plot 函数即可，如 plot(X1, Y1, X2, Y2, …, Xn, Yn)。想绘制不同的线型、颜色、标识等的图形时，可以调用 plot(X, Y, 'Linespec')，第 3 个输入变量为图形显示属性的设置选项：线型、颜色、标识。

1）线型：- 实线；: 点线；-. 虚点线；- - 虚线。

2) 颜色：y 黄；m 紫；c 青；r 红；g 绿；b 蓝；w 白；k 黑。

3) 标识：. 点；o 圆点；x 叉号；+ 加号；* 星号；s 方形；d 菱形；∨ 下三角；∧ 上三角；< 左三角；> 右三角；p 五角星；h 六角星。

应用上述符号的不同组合可以为图形设置不同的线型、颜色、标识。在调用时，选项应置于单引号内，当多于一个选项时，各选项直接相连，中间不需要任何的分隔符。如：

>> t = 0:0.5:3 * pi;　y = sin(t);　z = cos(t);　plot(t, y, '--k', t, z, ':k*')
%组合曲线如图 1-10 所示

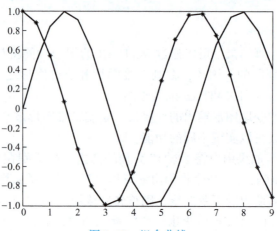

图 1-10　组合曲线

（2）图形控制　MATLAB 提供了平面网格图形函数 grid，该函数用于绘制坐标网格，提高图形显示效果。grid 函数的调用格式如下：

grid on　　%在图形中绘制坐标网格
grid off　　%取消坐标网格

单独的 grid 函数将实现 grid on 与 grid off 两种状态之间的转换。如：

>> t = 0:0.5:3 * pi;　y = sin(t);　z = cos(t);　plot(t, y, '--k', t, z, ':k*')
>> grid on　　　%组合曲线如图 1-11 所示

（3）图形的标注　MATLAB 语言还提供了丰富的图形标注函数供用户自由地标注所绘制的图形。

1）坐标轴标注和图形标题。

title('图形标题')　　%为图形添加标题
xlabel('x 轴标记')　　%为 x 坐标轴添加标注
ylabel('y 轴标记')　　%为 y 坐标轴添加标注

函数引号内的字符串将被写到图形的坐标轴上或标题位置。如：

>> t = 0:0.01:2 * pi;　y = sin(t); plot(t,y)
>> xlabel('x(0 - 2\pi) ');
>> title('y = sin(x)')　　%图形标注如图 1-12 所示

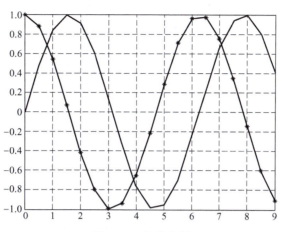

图 1-11　组合曲线

在自动控制技术绘图标注过程中经常会遇到特殊符号的输入问题，为了解决这个问题，MATLAB 语言提供了相应的字符转换，如：\alpha→α；\beta→β；\gamma→γ；\delta→δ；\epsilon→ε；\zeta→ζ；\pi→π；\omega→ω；\Omega→Ω 等。

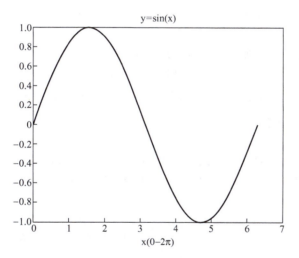

图 1-12　图形标注

2）文本标注。MATLAB 对图形进行文本注释所提供的函数为 text 和 gtext。

text 函数的调用格式：text(x,y,'标注文本及控制字符串')

其中（x，y）给定标注文本在图中添加的位置。

gtext 函数的调用格式：gtext('标注文本及控制字符串')

使用该函数，用户可以通过使用鼠标来选择文本输入的点，单击后，系统将把指定的文本输入到所选的位置上。如：

```
>>t = 0:0.01:2*pi;    y = sin(t); plot(t,y)
>>gtext('y = sin(t)')
```

执行该函数时,将鼠标放在图形上会出现"+"字形交叉线供用户添加标注的点,选择添加标注的位置后,单击鼠标左键即可在该位置上添加标注。

(4) 图形保持　在绘图过程中,经常会遇到在已存在的一张图中添加新的曲线,这就要求保持已存在的图形,MATLAB 语言中实现该功能的函数是 hold。

```
hold on    %启动图形保持功能,此后绘制的图形将添加到当前的图形窗口中,并自动
           %调整坐标轴的范围
hold off   %关闭图形保持功能,新绘制图形将覆盖原图形
```

1.5　自动控制系统实例分析

分析自动控制系统时需要了解系统的组成,了解它的工作原理,进而画出组成系统的原理框图。系统原理框图是分析系统的结果,又是以后建立数学模型的基础,它是认识系统的第一个入门点,所以十分重要。但由于实际系统往往比较复杂,各部件究竟属于组成框图中的哪一个单元,往往不明显,因此常使人感到无从下手。常用的方法是先明确下面的一些问题:

1) 哪个是控制对象?被控量是什么?影响被控量的主扰动量是什么?
2) 哪个是执行元件?
3) 测量被控量的元件有哪些?有哪些反馈环节?
4) 输入量是由哪个元件给定的?反馈量与给定量是如何进行比较的?
5) 还有哪些元件(或单元)?它们在系统中处于什么地位?起什么作用?

然后逐步画出各单元的框图,再注明给定量、反馈量、扰动量、各中间变量,逐渐把组成框图分析清楚。

例 1-4　温度控制在各个领域尤其是工业领域中有着极其广泛的应用,也是控制系统中最为常见的控制类型之一。试分析图 1-13 所示的电阻炉温度自动控制系统。

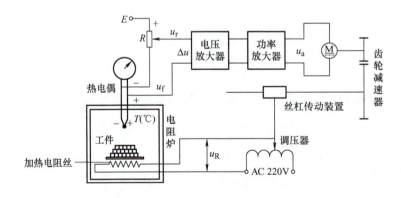

图 1-13　电阻炉温度自动控制系统

任务：1) 画出系统的原理框图。
　　　　2) 当电阻炉的温度发生变化时,试述系统的调节过程。
　　　　3) 指出系统属于哪一类型。

分析： 电阻炉温度自动控制系统的工作原理如下：电阻炉实际温度由热电偶传感器测量，将温度信号转换为电压 u_f，电阻炉期望温度由电压 u_r 给定，并与实际温度 u_f 比较得到温度偏差信号 $\Delta u = u_r - u_f$，温度偏差信号经电压、功率放大后，用以驱动执行电动机，并通过齿轮减速器、丝杠传动装置，变旋转运动为直线运动，拖动调压器动触点。当温度偏高时，动触点向减小电流的方向运动，反之向加大电流的方向运动，直到温度达到给定值为止，此时，偏差 $\Delta u = 0$，电动机停止转动。

系统组成如下：

被控对象：电阻炉。

被控量：炉温 T。

给定元件：给定电位器，其上的输出电压对应炉温的预期值。

测量元件：热电偶，它将炉温转换并经放大器放大为相应的电压信号。

比较与放大元件：由电压放大器及功率放大器组成。由于 $\Delta u = u_r - u_f$，因此实现的是负反馈。

执行元件：电动机、齿轮减速器、丝杠传动装置、调压器。

扰动：工件的数量与材质、环境温度等的变化。

1) 据以上分析，可画出系统的原理框图如图 1-14 所示。

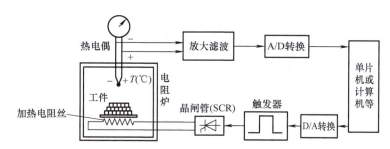

图 1-14 电阻炉温度自动控制系统原理框图

2) 控制过程分析：设系统原处于静止状态，在 $t = 0$ 时刻加上恒值给定信号，驱动电动机运转，使电阻丝电流增大，炉温慢慢上升；只要 T 还小于预期值，则偏差信号 Δu 始终为正，电阻丝电流持续增大，炉温 T 也就持续增长；当 T 第一次到达预期值时，$\Delta u = 0$，电流不再增大，T 仍然会继续增长，导致 $\Delta u < 0$，驱动电动机反向旋转，电流下降，此时 T 的变化有一个极大值存在；只要 T 还大于预期值，$\Delta u < 0$，电流就会继续下降，然后以相反的方向重复上述的运动过程。因此，炉温要经过几次振荡后才会逐渐趋于平稳状态（假定系统稳定）。在扰动作用下当电阻炉的温度发生变化时，系统的调节过程与此类似。

3) 电阻炉温度自动控制系统按控制方式来分属于负反馈控制系统，按输入信号来分属于恒值控制系统，按元件类型来分属于机电系统，按系统传输信号对时间的关系来分属于连续控制系统。对此系统性能的要求侧重于稳定性能和抗扰动的能力。

上述电阻炉温度自动控制系统是机电结合的系统，由于机电设备在较长时间工作后需要维护，如直流电动机碳刷的清理与更换、齿轮减速及丝杠传动装置的润滑，更重要的是调压器移动触点是机械移动式的，应及时保养、更换触点，给工业化生产带来不便。图 1-15 所示的电阻炉微机温度自动控制系统摆脱了机电传动装置在使用中的不利因素。试根据其工作原理画出其系统框图。

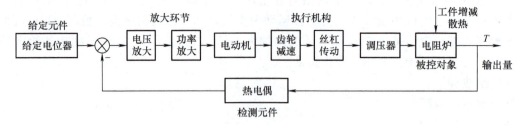

图 1-15 电阻炉微机温度自动控制系统

电阻丝通过晶闸管主电路加热，炉温期望值用微机键盘预先设置，实际炉温由热电偶检测，并转换成电压，经放大滤波后，由模/数（A/D）转换器将模拟信号转化为数字信号送入微机。在微机中与所设置的期望值比较后产生偏差信号。微机便根据预定的控制算法（即控制规律）计算相应的控制量，再经 D/A 转换变为 0~10mA 的电流，通过触发器控制晶闸管的控制角，从而改变晶闸管的整流电压，也就改变了电阻丝中电流的大小，达到控制炉温的目的。

微机温度自动控制系统具有精度高、功能强、经济性好、操作简单、灵活性和适应性好等一系列优点。电阻炉微机温度自动控制系统是一个典型的程序控制系统，其系统组成与上述机电不同之处有：

比较元件：单片机或计算机。

放大元件：放大整形电子线路，晶闸管（SCR）。

A/D 转换元件：将模拟量转变成数字量，接口电路。

D/A 转换元件：将数字量转变成模拟量，接口电路。

可画出系统的原理框图如图 1-16 所示。控制系统中各元件的分类和系统框图的绘制不是唯一的，只要能正确反映其功能和运动规律即可。

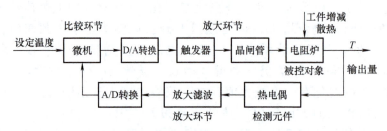

图 1-16 电阻炉微机温度自动控制系统原理框图

1.6 自动控制系统技能训练

1.6.1 训练任务

本训练任务为了加深学生对本项目知识的记忆、理解，鼓励学生全面、辩证地分析问题,对生活中的一些系统进行分析、思考,并能收集一些设备的工作原理。只有在掌握了大量的系统的工作原理,占有大量的资料的前提下,对系统进行分析,画出原理框图,才能对其设计有一定的了解。

参考题目

1) 根据光线强弱使窗帘自动开闭的窗帘自动控制系统。
2) 银行或宾馆自动门控制系统。
3) 楼道自动声控灯装置。
4) 十字路口的红绿灯定时控制系统。
5) 宾馆火灾自动报警系统。
6) 公共汽车车门开关控制系统。
7) 抽水马桶的自动控制系统。
8) 家用电冰箱温度控制系统。
9) 自动保温电热水壶自动控制系统。
10) 夏天房间温度控制系统。

任务

1) 画出系统的原理框图。
2) 当有干扰时,系统能否自动调节?若能自动调节,试述系统的调节过程。
3) 指出系统属于哪一类型。

1.6.2 训练内容

对参考题目所列的控制系统,学生可选择自己熟悉的一种系统进行分析,也可以自己选择一种控制系统。要判断出系统的控制方式,各系统的环节,并能画出系统的原理框图。可参考表1-6,进一步分析控制系统。

表1-6 自动控制系统认知报告书

题目名称		
学习主题	自动控制系统的简单分析能力	
重点难点	根据控制系统工作原理图绘制系统原理框图,理解控制系统性能的要求	
训练目标	主要知识能力指标	(1) 通过学习,能分析自动控制系统的动态过程;明确什么叫自动控制,正确理解被控对象、被控量、控制装置和自控系统等概念 (2) 明确系统常用的分类方式,掌握各类别的含义和信息特征 (3) 明确对自动控制系统的基本要求,正确理解三大性能指标的含义
	相关能力指标	(1) 养成独立工作的习惯,能够正确制订工作计划 (2) 能够阅读相关技术手册与说明书 (3) 培养学生良好的职业素质及团队协作精神
参考资料学习资源	图书馆相关教材,课程相关网站,互联网检索等	
学生准备	熟悉所选控制系统、教材、笔、笔记本、练习纸	
教师准备	熟悉教学标准,演示实验,讲授内容,设计教学过程,教材、记分册	

(续)

工作步骤	（1）明确任务	教师提出任务	
	（2）分析过程 （学生借助于资料、材料和教师提出的引导问题，自己做一个工作计划，并拟定出检查、评价工作成果的标准要求）	简述控制系统工作原理	
		组成部分及作用	
		控制方式	
		原理框图	
		系统类型	
		性能指标侧重点	
	（3）自己检查 在整个过程中学生依据拟定的评价标准，检查是否符合要求地完成了工作任务		
	（4）小组、教师评价 完成小组评价，教师参与，与教师进行专业对话，教师评价学生的工作情况，给出建议		

1.6.3 考核评价

本任务是来自日常生活中常见的自动控制系统，难度比较适中，学生也比较容易完成，可通过学生自评、小组互评和教师评价检验本任务的完成情况，评价方式可参考表1-7。

表1-7 教学检查与考核评价表

	检查项目	检查结果及改进措施	应得分	实得分（自评）	实得分（小组）	实得分（教师）
检查	练习结果正确性		20			
	知识点的掌握情况		40			
	能力控制点检查		20			
	课外任务完成情况 （自动控制系统基本概论）		20			
	综合评价		100			

 项目总结

每个学生所分析的自动控制系统以及本书所提到的例子从形式上看是不一样的,但它们都属于自动控制理论所研究的范畴,这是因为:

- 自动控制理论本身是一种工具,它不局限于某个系统,自动控制理论作为自动控制的基础理论,具有普适性,好比数学,很多领域都可拿来用。
- 自动控制有很强的应用背景。小到日常的电子手表、家用电器等,大到如自动化生产线系统等,还有各种大型的、更为复杂的系统都需要控制。如何巧妙地运用控制的基础理论来分析、解决实际问题是学生们应该掌握的一项技能。

本课程的主要任务

自动控制原理是一门专业的基础课程,它的内容都围绕系统的数学模型、系统分析及系统校正这三个方面展开。

1. 数学模型

对于一个具体的系统,人们可以根据对象的特点、工程的要求、求解的方便及本人的习惯,建立不同域中的数学模型,如时域中的数学模型——微分方程,复域中的数学模型——传递函数、结构图,频域中的数学模型——频率特性,这些数学模型之间存在着严格的数学变换关系。学习中,所有问题的分析与求解都是建立在数学模型基础上的。所以,学会建立系统的模型,掌握各种模型的特点与内在联系,对一个工程控制技术人员来说是至关重要的。

2. 系统分析

系统分析指三性(稳定性、动态特性、稳态特性)分析。稳定性分析包括各种稳定性的判定方法,系统结构与参数对稳定性的影响;动态特性分析包括各种动态性能指标的计算,系统结构与参数对动态性能的影响,改善系统动态特性的途径;稳态特性分析包括稳态误差的计算,系统结构与参数对稳态误差的影响,提高系统稳态精度的途径。

这三个方面的内容都将在三域(时域、复域、频域)展开,可从不同的角度来讨论系统结构与参数对系统性能的影响,从而指出改善系统性能的途径。性能指标是衡量一个系统好坏的重要标志,也是对系统进行校正的主要依据,抓住这条线,就是抓住了系统分析改造的关键。

3. 系统校正

系统校正是本课程的重要内容,主要讨论当控制系统的主要元器件和结构形式确定以后,为满足动态性能指标和稳态性能指标的要求,需要改变系统的某些参数或附加某种装置的方法。本课程主要介绍系统校正的原理与思路、常见的校正元件与装置特性和频率特性法校正方法。

另外,MATLAB作为一个强大的计算机辅助设计与仿真平台,掌握其在控制系统中的应用也是本课程的一个重要内容。

> **Tip**
>
> 本课程在机电一体化、自动化和电气自动化等专业中，是一门含有较多基础内容的专业课。基础知识包括高等数学、电工技术、电子技术等多门课程的知识，因此在学习时，要注意对这些知识的复习和运用。

习　题

1-1　选择题

(1) 以下例子中，属于闭环控制系统的是（　　　）。

A. 洗衣机　　　　　B. 空调器　　　　　C. 调级电风扇　　　　　D. 卧式车床

(2) 下列不属于对自动控制系统基本要求的是（　　　）。

A. 稳定性　　　　　B. 快速性　　　　　C. 连续性　　　　　D. 准确性

(3) 以下关于反馈的描述，正确的是（　　　）。

A. 只有自动控制系统才存在反馈

B. 只是一种人为地把输出信号回输到输入端的信息传递方式

C. 人类简单地行动，如取物、行走等都存在着信息的反馈

D. 人类有计划的行动

(4) 不属于开环控制系统优点的是（　　　）。

A. 构造简单，维护容易，存在反馈

B. 成本比响应的闭环控制系统低

C. 不存在稳定性问题

D. 可根据输出量，随时对输入量进行自动修正

(5) 开环控制系统的控制信号取决于（　　　）。

A. 给定的输入信号　　　　　　　B. 输出信号

C. 反馈信号　　　　　　　　　　D. 参考输入信号和反馈信号之差

(6) 闭环控制系统的控制信号取决于（　　　）。

A. 给定的输入信号　　　　　　　B. 输出信号

C. 反馈信号　　　　　　　　　　D. 参考输入信号和反馈信号之差

1-2　解释下列名词术语：自动控制系统、被控对象、扰动量、给定量、被控量、反馈。

1-3　试举出几个日常生活中的开环控制系统和闭环控制系统的实例，并说明它们的工作原理。

1-4　组成自动控制系统的主要环节有哪些？它们各起什么作用？

1-5　分析比较开环控制与闭环控制的特征、优缺点和应用场合的不同。

1-6　图 1-17 是一个简单的水位控制系统原理示意图。试分析该系统的被控对象、被控

量、给定量和扰动量，说明它的工作原理，画出系统工作原理框图。

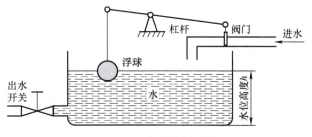

图 1-17 水位控制系统

1-7 图 1-18 所示是一个水池水位自动控制系统。水池的进水量 Q_1 来自电动机控制开度的进水阀门。在用户用水量 Q_2 随意变化的情况下，保持水箱水位在希望的高度不变。试说明工作原理，分析该系统的被控对象、被控量、给定量和扰动量，绘制控制系统的原理框图。

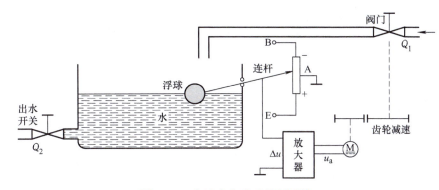

图 1-18 水池水位自动控制系统

1-8 图 1-19 所示是仓库大门自动开闭控制系统原理示意图。试说明系统自动控制大门开、闭的工作原理，并画出系统原理框图。

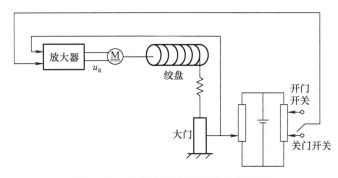

图 1-19 仓库大门自动开闭控制系统

项目2

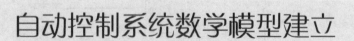

自动控制系统数学模型建立

 学习目标

职业技能	掌握自动控制系统数学建模的基本能力和分析方法
职业知识	掌握自动控制领域典型环节的数学建模方法，掌握框图的变换及化简知识，可用数学表达式描述一个工程系统
职业素养	加深学生对以前所学知识的理解，培养学生分析问题的能力，培养理论联系实际的设计思想，训练综合运用自动控制理论和相关课程知识的能力

 教学内容及要求

知识要求	能够运用力学、电学知识列写简单机械、电子元器件及系统的数学模型，并能掌握自动控制系统数学建模的几种方法
技能要求	熟练掌握自动控制系统数学建模的几种方法，并能根据典型环节建立一般自动控制系统的传递函数，并能画出系统的框图
实践内容	运用直流电动机调速系统装置讲解结构组成的每个部分，会使用自动控制工具软件MATLAB的常用功能
教学重点	能够将实际控制系统物的概念转化为数学的概念
教学难点	能够将实际控制系统物的概念转化为数学的概念

 项目分析

　　本项目通过对系统的分析，引出用数学的方法解决问题。学会建立系统的模型，掌握各种模型的特点与内在联系，对一个工程控制技术人员来说是至关重要的。本项目涉及的数学知识较多，要求学生从应用出发对数学知识进行适当复习，学用结合，学习过程中适当淡化公式的推导，应注意掌握基本概念、基本原理和基本方法以及工程的观念，重在应用。

项目实施方法

2.1 项目导读

项目 1 对一些自动控制系统进行了大致介绍及粗略分析，使读者初步了解了自动控制系统的一些工作过程和结构特点，同时也给出了评价一个系统的性能指标。为了进一步了解自动控制系统，需要从理论上对自动控制系统进行定性分析和定量计算，进而探讨改善系统稳态和动态性能的具体方法，这就需要建立系统的数学模型。控制系统的数学模型是指描述系统输入、输出变量以及内部各变量之间关系的数学表达式。系统的数学模型既能准确地反映系统的动态本质，又是控制系统理论分析与设计的基础。前面我们了解了直流电动机调速系统的基本构成及工作原理，本项目需要建立直流电动机转速自动控制系统装置，并尝试建立直流电动机转速自动控制系统的数学模型。

2.1.1 基本要求

在实训室中，建立直流电动机转速自动控制系统装置，巩固项目 1 所学知识。要求如下：
1) 在实训室中，识读相关元器件的图形符号及文字符号。
2) 知道各元器件在系统中的作用。
3) 运用直流电动机转速自动控制系统装置绘制系统原理框图。

2.1.2 扩展要求

1) 查阅相关资料，建立直流电动机转速自动控制系统每一组成部分的数学表达式。
2) 尝试消掉中间变量，建立一个只含有输入量给定电压和输出量转速的数学表达式。

2.1.3 学生需提交的材料

1) 直流电动机转速自动控制系统调试分析报告书一份。
2) 直流电动机转速自动控制系统的数学模型。

2.2 数学建模基础知识

自动控制系统的分析是建立在数学模型基础之上的，所以数学模型是整个自动控制原理研究内容的理论基础。下面以图 2-1 所示的自动控制系统的分析流程为例，说明系统建模在自动控制原理中的地位。

数学模型是对实际控制系统的一种数学抽象。它是在一定条件下既反映实际物理过程的本质特征，又忽略许多次要因素而建立起来的、形式简单且便于应用控制理论分析和设计系统的数学描述。实际控制系统的数学模型往往是很复杂的，在一般情况下，常常可以忽略一些影响较小的因素来简化，但这就出现了一对矛盾：简化与准确性。既不能过于简化，而使数学模型变得不准确，也不能过分追求准确性，使系统的数学模型过于复杂。建立合理的数

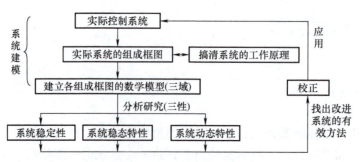

图 2-1 自动控制系统的分析流程

学模型,对于系统的分析研究是十分重要的。一般应根据系统的实际结构参数及系统所要求的计算精度,略去次要因素,使数学模型既能准确地反映系统地动态本质,又能简化分析计算的工作。

控制系统数学模型的建立,一般采用解析法或实验法。解析法是依据系统及元件各变量之间所遵循的物理、化学定律,列出变量间的数学表达式,从而建立数学模型。实验法是基于系统输入输出的实验数据来建立数学模型的方法,人为施加某种测试信号,记录基本输出响应。在实际工作中,这两种方法是相辅相成的,由于解析法是基本的常用方法,本部分仅讨论解析法。

控制系统的数学模型有多种形式,如微分方程、传递函数、结构图、信号流图、频率特性及状态空间描述等,本项目主要介绍三种,即微分方程、传递函数和结构图。

2.2.1 自动控制系统的微分方程

工程中的自动控制系统,不管它们是机械的、电气的、热力的、液压的,还是经济学的、生物学的等,都可以用微分方程加以描述。如果对这些微分方程求解,就可以获得自动控制系统对输入量(或称作用函数)的响应。自动控制系统的微分方程,可以通过支配着具体系统的物理学定律,例如机械系统中的牛顿定律、电气系统中的基尔霍夫定律等获得。

微分方程(Differential Equation)是自动控制系统最基本的数学模型,也是描述自动控制系统的输入量和输出量之间关系的最直接的数学方法。当自动控制系统的输入量和输出量都是时间 t 的函数时,其微分方程可以确切地描述系统的运动过程。

建立系统微分方程的一般步骤如下:

1)全面了解系统的工作原理、结构组成和支持系统运动的物理规律,确定系统的输入量和输出量。

2)一般从系统的输入端开始,根据各元件或环节所遵循的物理、化学规律,依次列写它们的微分方程。

3)将各元件或环节的微分方程联系起来消去中间变量,求取一个仅含有系统的输出量、输入量及其导数的方程,它就是系统的微分方程。

4)将该方程整理成标准形式。即把与输入量有关的各项放在方程的右边,把与输出量有关的各项放在方程的左边,各导数项按降幂排列,并将方程的系数化为具有一定物理意义的表示形式,如时间常数等。

列出系统各元件的微分方程时,一是应注意信号传递的单向性,即前一个元件的输出是后一个元件的输入,一级一级地单向传送;二是应注意前后连接的两个元件中,后级对前级的负载效应。

1. 电气系统

电阻、电感、电容器是电路中的三个基本元件,通常利用基尔霍夫定律建立电气系统数学模型。

例 2-1 研究图 2-2 所示 RLC 电路,试找出输出电压 $u_c(t)$ 随输入电压 $u_r(t)$ 变化的规律。

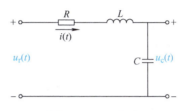

图 2-2 RLC 电路

解:(1) 明确输入量、输出量。RLC 电路的输入量为电压 $u_r(t)$,输出量为电压 $u_c(t)$。
(2) 列出原始微分方程式。根据电路理论得

$$u_r(t) = L\frac{di(t)}{dt} + \frac{1}{C}\int i(t)dt + Ri(t)$$

$$u_c(t) = \frac{1}{C}\int i(t)dt$$

式中,$i(t)$ 为电路电流,是除输入量、输出量之外的中间变量。
(3) 消去中间变量,整理得

$$LC\frac{d^2u_c(t)}{dt^2} + RC\frac{du_c(t)}{dt} + u_c(t) = u_r(t) \tag{2-1}$$

显然,这是一个二阶线性微分方程,也就是图 2-2 所示 RLC 无源电路的数学模型。

2. 机械系统

任何机械系统的数学模型都可以应用牛顿定律来建立。机械系统中以各种形式出现的物理现象,都可以使用质量、弹性和阻尼三个要素来描述。

例 2-2 图 2-3 所示为常见的质量-弹簧-阻尼系统,图中,m、K、B 分别表示质量、弹簧刚度和黏性阻尼系数。以系统在静止平衡时的那一点为零点,即平衡工作点,这样的零点选择消除了重力的影响。设系统的输入量为外作用力 $f(t)$,输出量为质量块的位移 $x(t)$。现研究外作用力 $f(t)$ 与位移 $x(t)$ 之间的关系。

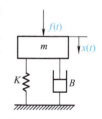

图 2-3 机械系统

分析:在输入外作用力 $f(t)$ 的作用下,质量块 m 将产生加速度,从而产生速度和位移。质量块的速度和位移使阻尼器和弹簧产生黏性阻尼力 $f_B(t)$ 和弹性力 $f_K(t)$。这两个力反馈作用于质量块上,影响输入 $f(t)$ 的作用效果,从而使质量块的速度和位移随时间发生变化,产生动态过程。

解:(1) 明确输入量、输出量。输入量为外作用力 $f(t)$,输出量为位移 $x(t)$。

(2) 列出原始微分方程式。根据牛顿第二定律，有

$$f(t) - f_B(t) - f_K(t) = m\frac{d^2x(t)}{dt^2}$$

由阻尼器、弹簧的特性，可写出

$$f_B(t) = B\frac{dx(t)}{dt}, f_K(t) = Kx(t)$$

(3) 由以上三个式子，消去 $f_B(t)$ 和 $f_K(t)$，并写成标准形式，得

$$m\frac{d^2x(t)}{dt^2} + B\frac{dx(t)}{dt} + Kx(t) = f(t) \tag{2-2}$$

一般，m、K、B 均为常数，故式(2-2)为二阶常系数线性微分方程，也是此机械系统的数学模型。它描述了输入 $f(t)$ 和输出 $x(t)$ 之间的动态关系。方程的系数取决于系统的结构参数；而方程的阶次等于系统中独立的储能元件（惯性质量、弹簧）的数量。

由式(2-1)、式(2-2)分析可以发现，物理结构不同的元件或系统，可以具有相同形式的数学模型，RLC 无源网络和质量-弹簧-阻尼系统的数学模型均是二阶微分方程，称之为**相似系统**。相似系统揭示了不同物理现象间的本质相似关系。可以用一个简单系统去研究与其相似的复杂系统，为控制系统的计算机仿真提供了基础。

3. 机电系统

直流电动机是控制系统中常用的执行机构或控制对象，其工作实质是将输入的电能转换为机械能。

例 2-3 试列出图 2-4 所示电枢控制直流电动机的微分方程。要求取电枢电压 $u_a(t)$ 为输入量，电动机转速 $\omega_m(t)$ 为输出量。图中，R_a，L_a 分别是电枢电路的电阻和电感；$M_c(t)$ 是折合到电动机轴上的总负载转矩。励磁磁通为常量。

解： 电动机是由电气元件和机械元件组合而成的。因此，列写方程时，既要用到电路理论中的定律，也要用到力学定律。其工作原理是，由输入的电枢电压 $u_a(t)$ 在电枢回路中产生电枢电流 $i_a(t)$，再由电流 $i_a(t)$ 与励磁磁通相互作用对电动机转子产生电磁转矩 $M_m(t)$，使电动机轴获得角加速度 $d\omega/dt$，于是电动机轴就开始转动产生角速度 ω，从而拖动负载运动。

可以推导（推导过程省略）出以 $\omega_m(t)$ 为输出量，以 $u_a(t)$ 为输入量的电动机微分方程为

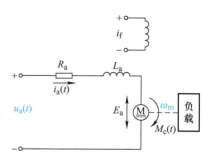

图 2-4 电枢控制直流电动机原理图

$$L_aJ_m\frac{d^2\omega_m(t)}{dt^2} + (L_af_m + R_aJ_m)\frac{d\omega_m(t)}{dt} + (R_af_m + C_mC_e)\omega_m(t)$$

$$= C_mu_a(t) - L_a\frac{dM_c(t)}{dt} - R_aM_c(t) \tag{2-3}$$

可见，式(2-3)为二阶线性微分方程，J_m 为电动机的转动惯量，C_m 为转矩常数，C_e 为电动势常数。在工程应用中，由于电枢电路电感 L_a 较小，通常可忽略不计，因而式(2-3)可简化成如下形式：

$$T_m\frac{d\omega_m(t)}{dt} + \omega_m(t) = K_au_a(t) - K_cM_c(t) \tag{2-4}$$

式中，T_m 是电动机的机电时间常数（单位为 s）；K_a；K_c 是电动机的传动系数。若 T_m、K_a、K_c（均为与电动机相关参数）均为常数时，则式(2-4) 就是一个一阶常系数线性微分方程。

当电枢电阻 R_a 和电动机的转动惯量 J_m 都很小，可忽略不计时，式(2-4) 还可进一步简化为

$$C_e \omega_m(t) = u_a(t)$$

式中，C_e 为常数。这时，电动机的转速 $\omega_m(t)$ 与电枢电压 $u_a(t)$ 成正比，于是电动机可作为测速发电机使用。

另外，在随动系统中，也常常以电动机的转角 $\theta(t)$ 作为输出量，将 $\omega(t) = \dfrac{d\theta(t)}{dt}$ 代入式(2-4)，有

$$T_m \frac{d\theta^2(t)}{dt^2} + \frac{d\theta}{dt} = K_a u_a(t) - K_c M_c(t)$$

2.2.2　自动控制系统的复数域数学模型（传递函数）

微分方程是描述线性系统运动的一种基本形式的数学模型。通过对它求解，就可以得到系统在给定输入信号作用下的输出响应。然而，用微分方程式表示系统的数学模型在实际应用中一般会遇到如下的困难：

1) 微分方程的阶次比较高，求解有难度，且计算工作量大。
2) 对于控制系统的分析，不仅要了解它在给定信号作用下的输出响应，而且更重视

系统的结构、参数与其性能间的关系。对于后者的要求，用微分方程去描述是难于实现的。

在控制工程中，一般并不需要精确地求出系统微分方程的解，作出它的输出响应曲线，而是用简单的方法了解系统是否稳定及其在动态过程中的主要特征，能判别某些参数的改变或校正装置的加入对系统性能的影响。以传递函数为工具的频率响应法就能实现上述的要求。这里先介绍传递函数，频率响应法在后面的项目中再做详细的阐述。

1. 传递函数的概念

传递函数是在拉普拉斯变换（详见附录 A）基础上的复数域中的数学模型，是经典控制理论中最基本和最重要的概念。

传递函数的定义：线性定常系统在初始状态（条件）为零的情况下，输出量的拉普拉斯变换与输入量的拉普拉斯变换之比。

设线性定常系统为

$$a_0 \frac{d^n c(t)}{dt^n} + a_1 \frac{d^{(n-1)} c(t)}{dt^{(n-1)}} + \cdots + a_{n-1} \frac{dc(t)}{dt} + a_n c(t) = b_0 \frac{d^m r(t)}{dt^n} + b_1 \frac{d^{(m-1)} r(t)}{dt^{(m-1)}} + \cdots + b_m r(t)$$

(2-5)

式中，$c(t)$ 为输出量；$r(t)$ 为输入量；$a_0, a_1, \cdots, a_n$ 及 $b_0, b_1, \cdots, b_m$ 均为由系统结构、参数决定的常系数。

对式(2-5) 两边进行拉普拉斯变换得

$$(a_0 s^n + a_1 s^{n-1} + \cdots + a_{n-1} s + a_n) C(s) = (b_0 s^m + b_1 s^{m-1} + \cdots + b_{m-1} s + b_m) R(s)$$

根据传递函数的定义得到系统的传递函数为

$$G(s) = \frac{C(s)}{R(s)} = \frac{b_0 s^m + b_1 s^{m-1} + \cdots + b_{m-1} s + b_m}{a_0 s^n + a_1 s^{n-1} + \cdots + a_{n-1} s + a_n}$$

> 与上述传递函数有关的几个重要概念如下：
> 1) $G(s)$ 的分母多项式 $R(s)$ 为特征多项式，$R(s)$ 中 s 的最高阶次 n 即为系统的阶次。
> 2) $R(s) = 0$ 为系统的特征方程。

要注意零初始条件的含义：

1) 输入作用在 $t=0$ 后才作用于系统，因此，系统的输入量及其各阶导数在 $t \leq 0$ 时的值均为零。

2) 输入信号加于系统之前，系统是相对静止的，所以，系统的输出量及其各阶导数在 $t \leq 0$ 时的值均为零。实际的工程控制系统多属此类情况。

2. 传递函数的求法

(1) 根据系统的微分方程求传递函数　首先列写出系统的微分方程，然后在零初始条件下求各微分方程的拉普拉斯变换，将它们转换为 s 域的代数方程组，消去中间变量，得到系统的传递函数。

例 2-4　试求例 2-1 中的 RLC 电路的传递函数。

解：由例 2-1 可知 RLC 电路的微分方程为

$$LC \frac{d^2 u_c(t)}{dt^2} + RC \frac{du_c(t)}{dt} + u_c(t) = u_r(t)$$

在零初始条件下，对上式取拉普拉斯变换得

$$(LCs^2 + RCs + 1)U_c(s) = U_r(s)$$

并整理可得 RLC 电路的传递函数为

$$G(s) = \frac{U_c(s)}{U_r(s)} = \frac{1}{LCs^2 + RCs + 1}$$

由上式可以看出输出与输入的比值是 s 的有理分式函数，只与系统的结构和参数有关，而与输入信号无关。由于它包含了微分方程中的全部信息，故可以用它作为在复数域中描述 RLC 电路输入-输出关系的数学模型。

请尝试求例 2-2 的传递函数。

(2) 用复阻抗求无源网络的传递函数　在电路中有电阻、电容、电感三种基本的阻抗元件，流过这三种阻抗元件的电流 i 与电压 u 的关系如下：

1) 电阻：$u = Ri$；对等式两边进行拉普拉斯变换（零初始条件），得 $U(s) = RI(s)$，可见电阻 R 的复阻抗仍为 R。

2) 电容：$du/dt = i/C$，对等式两边进行拉普拉斯变换（零初始条件），得 $sU(s) = I(s)/C$，整理得 $U(s) = I(s)/Cs$，可见电容的复阻抗为 $1/(Cs)$。

3) 电感：$u = L \frac{di}{dt}$，对等式两边进行拉普拉斯变换（零初始条件），得 $U(s) = LsI(s)$，可见电感的复阻抗为 Ls。

复阻抗在电路中经过串联、并联，可组成各种复杂电路，等效阻抗的计算和一般电阻电路完全一样。通过复阻抗的概念可以直接写出一个电路的传递函数，省掉了微分方程的推导和计算过程，从而减小了计算量。

例 2-5 利用复阻抗法，求图 2-2 所示 RLC 电路的传递函数。

解： 图 2-2 可变为图 2-5 所示的等效电阻电路。

利用欧姆定律直接写出

$$U_c(s) = \frac{\dfrac{1}{Cs}}{Ls + R + \dfrac{1}{Cs}} U_r(s) = \frac{1}{LCs^2 + RCs + 1} U_r(s)$$

整理可得其传递函数为

$$G(s) = \frac{U_c(s)}{U_r(s)} = \frac{1}{LCs^2 + RCs + 1}$$

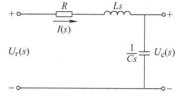

图 2-5 RLC 等效电阻电路

（3）用复阻抗求有源网络的传递函数 考虑图 2-6 所示运算放大器电路，$Z_1(s)$ 和 $Z_2(s)$ 可能是由电阻、电感或电容所组成的复阻抗，求其电路的传递函数。

根据运算放大器"虚短"和"虚断"的特点可写出

$$\frac{U_r(s) - U'(s)}{Z_1(s)} = \frac{U'(s) - U_c(s)}{Z_2(s)}$$

因为 $U'(s) \approx 0$，所以可得到

$$\frac{U_c(s)}{U_r(s)} = \frac{-Z_2(s)}{Z_1(s)}$$

若 $Z_1(s) = R_1$，$Z_2(s) = R_2$，则图 2-6 所示的运算放大器电路传递函数为

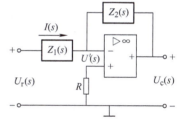

图 2-6 运算放大器电路

$$\frac{U_c(s)}{U_r(s)} = \frac{-R_2}{R_1}$$

式中的负号表明上述运算放大器电路为反向放大器。

3. 传递函数的性质

1）传递函数是由微分方程变换得来的，它和微分方程之间存在着一一对应关系。对于一个确定的系统（输出量与输入量都已确定），它的微分方程是唯一的，所以，其传递函数也是唯一的。

2）传递函数是复变量 $s(s = \sigma + j\omega)$ 的有理分式（分子多项式的次数 m 低于或等于分母多项式的次数 n，即 $m \leq n$。这是系统必然具有惯性，且能源又是有限的缘故），分式中的各项系数都是实数，它们是由组成系统的元件的参数构成的。

3）传递函数是一种运算函数。由 $G(s) = C(s)/R(s)$ 可得 $C(s) = G(s)R(s)$，此式表明，若已知一个系统的传递函数 $G(s)$，则对任何一个输入量 $r(t)$，只要以 $R(s)$ 乘以 $G(s)$，即可得到输出量的象函数 $C(s)$，再由拉普拉斯反变换，就可求得输出量 $c(t)$。

4）传递函数的分母是它所对应系统微分方程的特征方程的多项式，即传递函数的分母是特征方程 $a_0 s^n + a_1 s^{n-1} + \cdots + a_{n-1} s + a_n = 0$ 等号左边的部分。而以后的分析表明：特征方程的根反映了系统动态过程的性质，所以由传递函数可以研究系统的动态特性。

2.2.3 自动控制系统的基本环节

自动控制系统即使只限于各种线性连续系统，要逐一加以研究也是不可能的。自动控制理论采用的方法是研究系统的数学模型。这样，不仅避开了各种实际系统的物理背景，容易揭示控制系统的共性，而且使研究的工作量大为减少。因为许多不同性质的物理系统常常有相同的数学模型。但这还不够，要逐一研究数学模型的各种可能形式也是不可能的。

现在的问题是能否找出组成系统数学模型的基本环节，任何线性连续系统的数学模型总能由这些基本环节中的一部分组合而成。如果能找到，就可以研究这些为数不多的基本环节以及一些重要的组合系统。当弄清了这些基本环节的特性后，对任何系统也就容易分析其特性了。实际上这些基本环节包括比例环节、积分环节、微分环节、惯性环节、振荡环节和延时环节。表 2-1 对基本环节进行介绍。

表 2-1 基本环节

序号	环节名称	微分方程	传递函数	特点	实例
1	比例环节 (Proportional Element)	$c(t)=Kr(t)$	$G(s)=K$	输入输出量成比例，无失真和时间延迟	电子放大器、齿轮系、电位器、感应式变送器等
2	积分环节 (Integral Element)	$c(t)=\dfrac{1}{T}\int r(t)dt$	$G(s)=\dfrac{1}{Ts}$	输出量与输入量的积分成正比例，当输入消失时，输出具有记忆功能。积分环节具有记忆功能，常用来改善系统的稳态性能	电动机角速度与转角间的传递函数，模拟计算机中的积分器等
3	微分环节 (Derivative Element)	$c(t)=T\dfrac{dr(t)}{dt}$	$G(s)=Ts$	理想微分环节常用来改善系统的动态特性，可实现的微分环节都具有一定的惯性	测速发电机 ($\theta_r \rightarrow u_c$)
4	一阶微分环节 (Proportional Derivative Element)	$c(t)=T\dfrac{dr(t)}{dt}+r(t)$	$G(s)=Ts+1$	由比例环节加微分环节构成	一般超前网络中就包含一阶微分环节
5	惯性环节 (Inertial Element)	$T\dfrac{dc(t)}{dt}+c(t)=Kr(t)$	$G(s)=\dfrac{K}{Ts+1}$	含一个储能元件，对突变的输入其输出不能立即复现，输出无振荡	RC 电路、RL 电路、直流伺服电动机
6	振荡环节 (Oscillating Element)	$T^2\dfrac{d^2c(t)}{dt^2}+2\zeta T\dfrac{dc(t)}{dt}+c(t)=r(t)$	$G(s)=\dfrac{\omega_n^2}{s^2+2\zeta\omega_n s+\omega_n^2}$	环节中有两个独立的储能元件，并可进行能量交换，其输出有振荡	RLC 电路、质量-弹簧-阻尼系统
7	延时环节 (Delay Element)	$c(t)=r(t-\tau)$	$G(s)=e^{-\tau s}$	输出量能准确复现输入量，但须延迟一固定的时间间隔	管道压力、流量等物理量的控制

应当注意，环节与部件并非一一对应，有时一个环节可代表几个部件，有时一个部件可表示成几个环节。任何一个系统的传递函数，可以视为基本环节的组合。

2.2.4 自动控制系统的结构图

微分方程、传递函数等数学模型，都是用纯数学表达式描述系统特性的，不能反映系统中各元部件对整个系统性能的影响，而系统原理图、功能框图虽然反映了系统的物理结构，但又缺少系统中各变量间的定量关系。本节介绍的结构图（或称为框图），既能描述系统中各变量间的定量关系，又能明显地表示系统各部件对系统性能的影响。

1. 系统结构图的定义与组成

系统结构图是传递函数的图形描述方式，它可以形象地描述自动控制系统中各单元之间和各作用量之间的相互联系，具有简明直观、运算方便的优点，所以在分析自动控制系统中获得了广泛的应用。系统结构图由函数方框、信号线、信号分支点、信号相加点等组成。

函数方框（环节、功能框）：方框代表一个环节，箭头代表输入和输出的方向，表示了相对独立单元输入信号的拉普拉斯变换与输出信号的拉普拉斯变换之间的关系，即 $C(s) = G(s)R(s)$，如图2-7a 所示。

信号线：图2-7 中带有箭头的直线，箭头表示信号的传递方向，直线旁标记信号的时间函数或象函数。

信号引出点（线）：表示信号引出或测量的位置和传递方向，如图2-7b 所示。同一信号线上引出的信号，其性质、大小完全一样。

综合点（比较点、求和点）：表示对两个或两个以上的输入信号进行加减比较的元件，如图2-7c 所示。

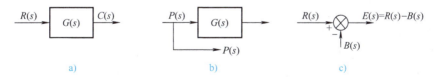

图2-7 系统结构图的基本组成部分

2. 系统结构图的绘制

系统结构图的绘制步骤如下：

1) 根据信号传递过程，将系统划分为若干个环节或部件。
2) 确定各环节的输入量与输出量，求出各环节的传递函数（可以保留所有变量，这样在结构图中可以明显地看出各元件的内部结构和变量，便于分析作用原理）。
3) 绘出各环节的结构图。
4) 将各环节相同的量依次连接，得到系统动态结构图。

例2-6 绘制如图2-8 所示 RC 网络的结构图。

解：（1）经分析可知，无源网络由 R 和 C 两个元件组成，复阻抗，R 对应的输入和输出分别为电压 $U_r(s) - U_c(s)$ 和电流 $I(s)$，而 C 对应的输入和输出分别为电流 $I(s)$ 和电压 $U_c(s)$，R 和 C 电路方程式为

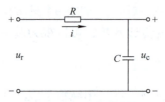

图 2-8　RC 无源网络

$$I(s) = \frac{U_r(s) - U_c(s)}{R}, \quad U_c(s) = \frac{1}{Cs}I(s)$$

(2) 画出上述两式对应的框图，如图 2-9a、b 所示。

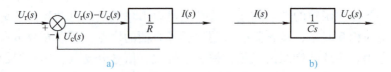

图 2-9　RC 元件结构图

(3) 各单元框图按信号的流向依次连接，就得到了如图 2-10 所示的网络结构图。

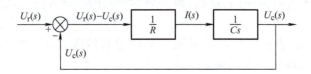

图 2-10　RC 无源网络结构图

请读者绘制例 2-2 中 RLC 电路的结构图。

3. 系统结构图的基本连接方式及等效变换

结构图是从具体系统中抽象出来的数学图形，建立结构图的目的是为了求取系统的传递函数。当只讨论系统的输入、输出特性，而不考虑它的具体结构时，完全可以对其进行必要的简化，当然，这种简化必须是"等效的"，应使简化前、后输入量与输出量之间的传递函数保持不变。

结构图简化应遵循的原则是：
1) 简化前与简化后前向通道中的传递函数的乘积必须保持不变。
2) 简化前与简化后回路中传递函数的乘积必须保持不变。

(1) 串联　传递函数分别为 $G_1(s)$ 和 $G_2(s)$ 两个环节，若 $G_1(s)$ 的输出量作为 $G_2(s)$ 的输入量，则 $G_1(s)$ 与 $G_2(s)$ 称为串联，如图 2-11a 所示。

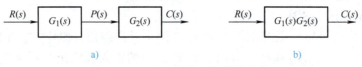

图 2-11　两个环节串联的等效变换

由图2-11a可写出
$$P(s) = G_1(s)R(s)$$
$$C(s) = G_2(s)P(s) = G_2(s)G_1(s)R(s)$$
所以两个环节串联后的等效函数为 $C(s) = G_1(s)G_2(s)R(s)$，其等效结构图如图2-11b所示。

上述结论可以推广到任意个环节串联的情况，即环节串联后的总传递函数等于各个串联环节传递函数的乘积。

（2）并联　传递函数分别为 $G_1(s)$ 和 $G_2(s)$ 两个环节，如果它们有相同的输入量，而输出量等于两个环节输出量的代数和，则 $G_1(s)$ 和 $G_2(s)$ 称为并联，如图2-12a所示。

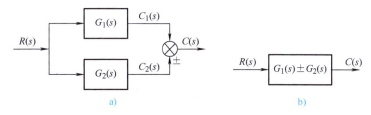

图2-12　两个环节并联的等效变换

由图2-12a可以写出
$$C_1(s) = G_1(s)R(s)$$
$$C_2(s) = G_2(s)R(s)$$
$$C(s) = C_1(s) \pm C_2(s) = G_1(s)R(s) \pm G_2(s)R(s)$$

所以两个环节并联后的等效函数为 $C(s) = [G_1(s) \pm G_2(s)]R(s)$，其等效结构图如图2-12b所示。

上述结论可以推广到任意个环节并联的情况，即环节并联后的总传递函数等于各个并联环节传递函数的代数和。

（3）反馈连接　传递函数分别为 $G(s)$ 和 $H(s)$ 两个环节，将系统或环节的输出信号反馈到输入端，并与原输入信号进行比较后再作为输入信号，则 $G(s)$ 和 $H(s)$ 称为反馈连接，如图2-13a所示。

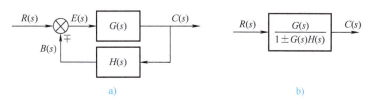

图2-13　反馈的等效变换

由图2-13a可以写出
$$C(s) = G(s)E(s)$$
$$E(s) = R(s) \mp B(s)$$
$$B(s) = C(s)H(s)$$

所以两个环节经反馈连接后的等效函数为 $C(s) = \dfrac{G(s)R(s)}{1 \pm G(s)H(s)}$，其等效结构图如图 2-13b 所示。请读者注意，在上式中，分母中的加号对应于负反馈，减号对应于正反馈。

（4）比较点和引出点的移动　除了以上三种基本连接方式能简化外，还有比较点和引出点的移动，包含比较点前移、比较点后移、引出点前移、引出点后移以及比较点与引出点之间的移动等不同情况。由于容易理解，不再详细证明，仅在表 2-2 中列出，以供查阅。

表 2-2　结构图等效简化规则

简化方式	原结构图	等效结构图	等效运算关系
比较点前移	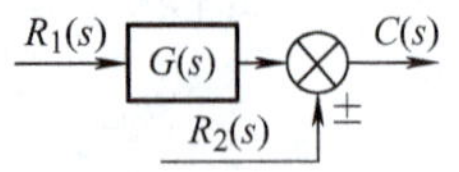	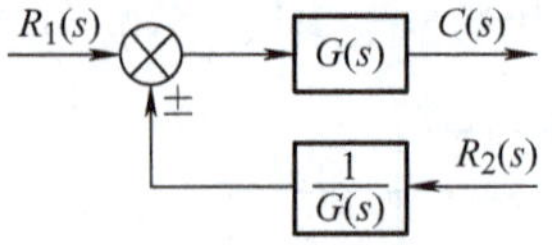	$C(s) = R_1(s)G(s) \pm R_2(s)$ $= \left[R_1(s) \pm \dfrac{R_2(s)}{G(s)}\right]G(s)$
比较点后移	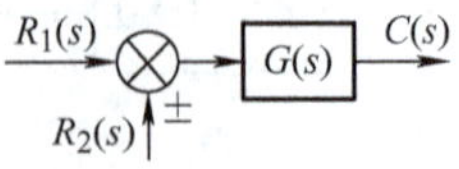	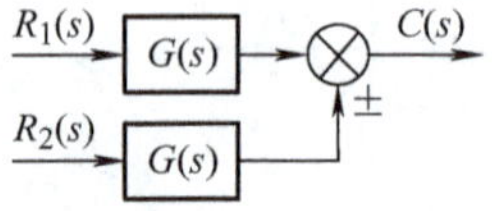	$C(s) = [R_1(s) \pm R_2(s)]G(s)$ $= R_1(s)G(s) \pm R_2(s)G(s)$
比较点之间移动	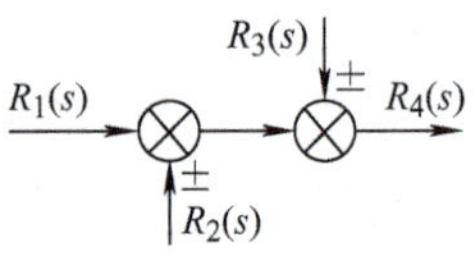	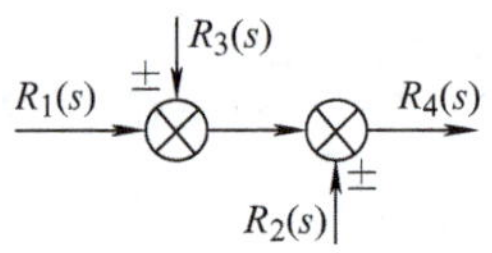	$R_4(s) = R_1(s) \pm R_3(s) \pm R_2(s)$
引出点前移	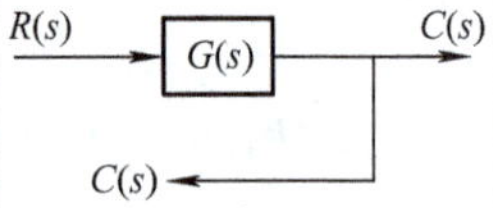	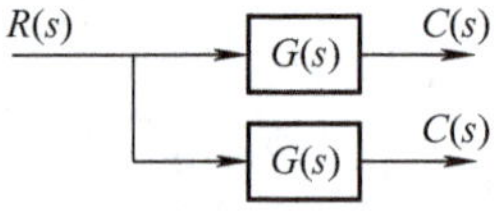	$C(s) = G(s)R(s)$
引出点后移	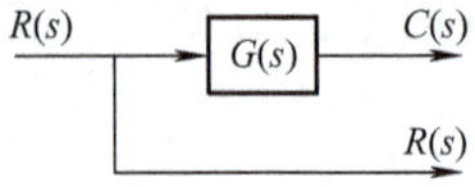	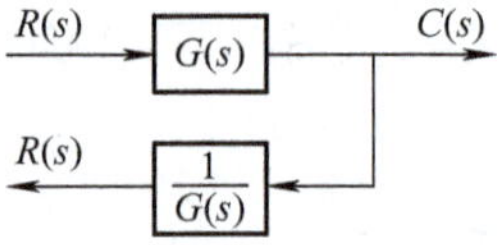	$C(s) = G(s)R(s)$
引出点之间移动	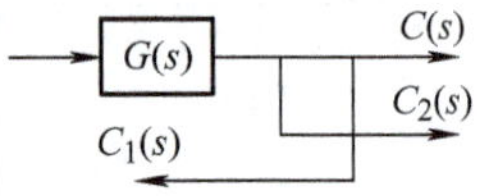	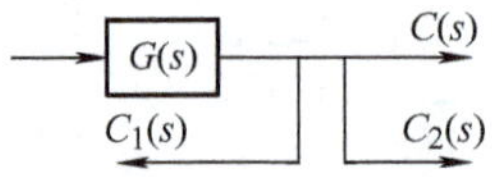	$C(s) = C_1(s) = C_2(s)$
比较点与引出点之间的移动	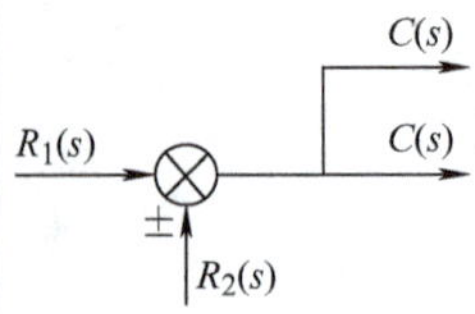	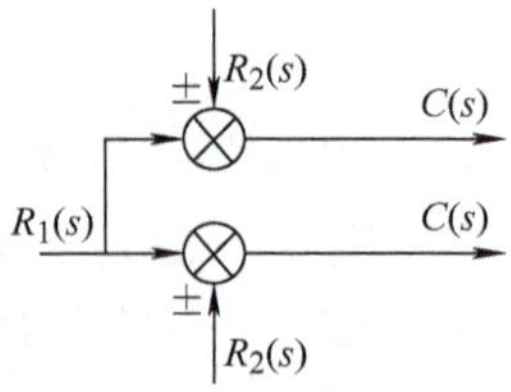	$C(s) = R_1(s) \pm R_2(s)$

4. 系统结构图的化简

系统结构图的化简过程,一般可分为以下几步:

1) 根据研究目的确定系统的输入和输出。输入、输出确定后,从输入至输出的通道就成为前向通道。
2) 串联、并联、反馈连接的环节由等效环节代替。
3) 把闭环系统简化成最基本的框图形式,并求出总的传递函数。

例 2-7 简化图 2-14 所示系统,并求出系统的闭环传递函数。

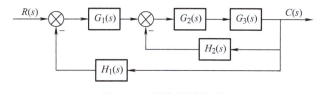

图 2-14 系统的结构图

解: 这是一个有局部反馈的多回路系统。这里根据环节串联和反馈连接的规则,从内回路到外回路逐步化简(为简化起见,将图中传递函数中的 (s) 省去),可以求得系统的闭环传递函数。

因 $G_2(s)$ 与 $G_3(s)$ 串联,可将图 2-14 简化成图 2-15a 所示结构。$G_2(s)$ 与 $G_3(s)$ 串联后,再和 $H_2(s)$ 组成反馈回路,进而简化成图 2-15b 所示结构。将图 2-15b 中的回路再与 $G_1(s)$ 进行串联得到如图 2-15c 所示结构,最后进行反馈变换,成为如图 2-15d 所示形式。

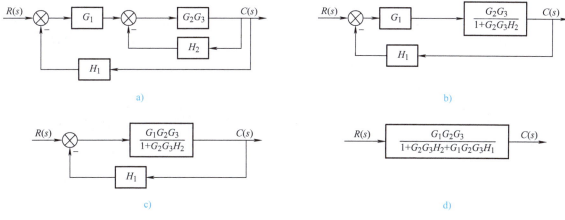

图 2-15 系统结构图等效变换

可得系统的闭环传递函数为

$$G(s) = \frac{C(s)}{R(s)} = \frac{G_1(s)G_2(s)G_3(s)}{1 + G_2(s)G_3(s)H_2(s) + G_1(s)G_2(s)G_3(s)H_1(s)}$$

请读者试想,若把图 2-14 改成图 2-16 所示系统,该如何简化?求出系统的闭环传递函数。

提示: 图 2-16 为具有交叉反馈的多回路系统,简化这种系统时,首先将其分支点进行移动,把系统转化成无交叉反馈的系统,如图 2-17 所示。其余的简化与例 2-5 相似。

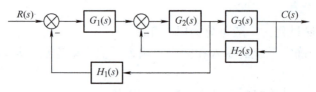

图 2-16 系统结构图

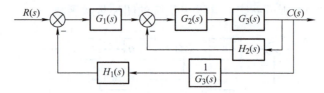

图 2-17 系统结构图等效变换

2.2.5 自动控制系统的传递函数

自动控制系统在工作过程中，经常会受到两类输入信号的作用，一类是给定的有用输入信号 $r(t)$，另一类则是阻碍系统进行正常工作的扰动信号 $n(t)$。闭环控制系统的典型结构图可用图 2-18 表示。

研究系统输出量 $c(t)$ 的变化规律，只考虑 $r(t)$ 的作用是不完全的，往往还需要考虑 $n(t)$ 的影响。基于系统分析的需要，下面介绍一些传递函数的概念。

1. 系统开环传递函数

系统的开环传递函数是用频率法分析系统的主要数学模型。在图 2-19 中，将反馈环节 $H(s)$ 的输出端断开，则前向通道传递函数与反馈通道传递函数的乘积 $G_1(s)G_2(s)H(s)$ 称为系统的开环传递函数，相当于 $B(s)/E(s)$。

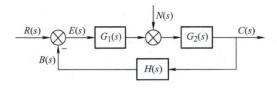

图 2-18 闭环控制系统的典型结构图

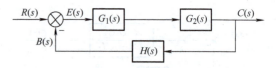

图 2-19 $r(t)$ 作用下的系统结构图

2. 系统闭环传递函数

（1）$r(t)$ 作用下的系统闭环传递函数 令 $n(t)=0$，图 2-18 简化为图 2-19，输出 $c(t)$ 对输入 $r(t)$ 的传递函数为

$$G_r(s) = \frac{C_r(s)}{R(s)} = \frac{G_1(s)G_2(s)}{1 + G_1(s)G_2(s)H(s)}$$

称 $G_r(s)$ 为 $r(t)$ 作用下的系统闭环传递函数。

（2）$n(t)$ 作用下的系统闭环传递函数 为了研究扰动对系统的影响，需要求出 $c(t)$ 对 $n(t)$ 的传递函数。

令 $r(t)=0$，图 2-18 转化为图 2-20，由图可得

$$G_n(s) = \frac{C_n(s)}{N(s)} = \frac{G_2(s)}{1+G_1(s)G_2(s)H(s)}$$

称 $G_n(s)$ 为 $n(t)$ 作用下的系统闭环传递函数。

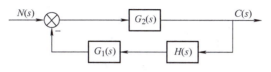

图 2-20　$n(t)$ 作用下的系统结构图

（3）在输入量和扰动量同时作用下系统的总输出　由于设定此系统为线性系统，因此可以应用叠加原理，即当输入量和扰动量同时作用时，系统的输出可看成两个作用量分别作用的叠加。于是有

$$C(s) = G_r(s)R(s) + G_n(s)N(s) = \frac{G_1(s)G_2(s)R(s)}{1+G_1(s)G_2(s)H(s)} + \frac{G_2(s)N(s)}{1+G_1(s)G_2(s)H(s)}$$

2.3　直流电动机转速自动控制系统参考模型建立

2.3.1　微分方程模型

由以上所掌握的知识，读者应该能完成本项目所要求的任务，建立直流电动机转速自动控制系统的数学模型。根据图 1-2 所示的直流电动机转速自动控制系统，为更接近实际应用，加上齿轮系，如图 2-21 所示，列写其微分方程。

通过分析图 2-21 可知，控制系统的被控对象是电动机（带负载），系统的输出量 $\omega(t)$ 是转速，输入量是给定电压 $u_r(t)$，控制系统由给定电位器、电压放大器、功率放大器、直流电动机、测速发电机、齿轮系等部分组成。从产生偏差的元件开始，按信号流通方向依次写出组成该系统各元件的微分方程。

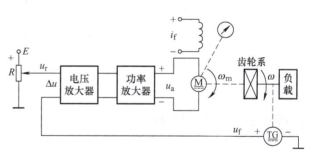

图 2-21　直流电动机转速自动控制系统

（1）测量元件　测速发电机作为测量元件，测速发电机的输出电压 $u_f(t)$ 与其转速 $\omega(t)$ 成正比，即

$$u_f(t) = K_t \omega(t) \tag{2-6}$$

式中，K_t 为测速发电机的比例系数，可看作常数。

（2）比较元件　比较元件将反馈电压 $u_f(t)$ 与给定电压 $u_r(t)$ 进行比较，并产生偏差电压 $u_e(t)$，即

$$u_e(t) = u_r(t) - u_f(t) \tag{2-7}$$

（3）放大元件　放大元件包括电压放大器和功率放大器两部分，作用是对偏差电压 $u_e(t)$ 进行电压和功率放大，即

$$u_a(t) = Ku_e(t) \tag{2-8}$$

式中，K 为电压放大器和功率放大器的放大系数，为常数。

（4）执行元件　直流电动机作为执行元件，它将电枢电压 $u_a(t)$ 转换成电动机转子轴的角速度 $\omega_m(t)$，根据例 2-3 中式(2-4) 可知，直流电动机的微分方程为

$$T_m \frac{d\omega_m(t)}{dt} + \omega_m(t) = K_a u_a(t) - K_c M_c(t) \tag{2-9}$$

（5）齿轮系　设齿轮系的速比为 i，则电动机转速 ω_m 经齿轮系减速后变为 ω，其作用是用来减速并增大力矩的，故有

$$\omega(t) = \frac{1}{i}\omega_m(t) \tag{2-10}$$

从上述各方程中消去中间变量，经整理后可得电动机转速控制系统的微分方程为

$$\frac{d\omega(t)}{dt} + T\omega(t) = K_r u_r(t) - K'_c M_c(t) \tag{2-11}$$

式中，$T = \dfrac{i + KK_a K_t}{iT_m}$，$K_r = \dfrac{KK_a}{iT_m}$，$K'_c = \dfrac{K_c}{iT_m}$。

式(2-4) 和式(2-11) 均为一阶微分方程，它们所对应的系统也为相似系统。许多表面上看来似乎毫无共同之处的控制系统，其运动规律可能完全一样，可以用一个运动方程来表示。人们可以不单独地去研究具体系统而只分析其数学表达式，即可知其变量间的关系，这种关系可代表数学表达式相同的任何系统，因此需建立控制系统的数学模型。

2.3.2　传递函数模型

根据所写出的转速控制系统中各元件的微分方程，可分别写出各元件对应的传递函数如下：

（1）测速发电机　对式(2-6) 进行拉普拉斯变换（零初始条件），可得

$$U_f(s) = K_t \Omega(s)$$

整理得

$$\frac{\Omega(s)}{U_f(s)} = K_t$$

即为测速发电机的传递函数。

（2）比较元件　对式(2-7) 进行拉普拉斯变换（零初始条件），可得

$$U_e(s) = U_r(s) - U_f(s)$$

（3）电压放大器和功率放大器　对式(2-8) 进行拉普拉斯变换（零初始条件），可得

$$U_a(s) = KU_e(s)$$

整理得

$$\frac{U_a(s)}{U_e(s)} = K$$

即为电压放大器和功率放大器的传递函数。

（4）直流电动机　对式(2-9) 进行拉普拉斯变换（零初始条件），零初始条件 $M_c(t) = 0$，可得

$$T_m s \Omega_m(s) + \Omega_m(s) = K_a U_a(s)$$

整理得

$$G_a(s) = \frac{\Omega_m(s)}{U_a(s)} = \frac{K_a}{T_m s + 1}$$

即为直流电动机的传递函数。

(5) 齿轮系　对式(2-10) 进行拉普拉斯变换（零初始条件），可得

$$\Omega(s)=\frac{1}{i}\Omega_{m}(s)$$

从上述各方程中消去中间变量，经整理后可得电动机转速控制系统的传递函数为

$$G(s)=\frac{\Omega(s)}{U_{r}(s)}=\frac{KK_{a}}{i(T_{m}s+1)+KK_{a}K_{t}}$$

2.3.3　结构图模型

根据所写出的转速自动控制系统中各元件的传递函数，可分别绘出各环节的结构图、系统结构图，并等效简化。

测速发电机、比较元件、电压放大器和功率放大器、直流电动机、齿轮系的结构图分别如图 2-22a ~ e 所示。

a) 测速发电机　b) 比较元件　c) 电压放大器和功率放大器

d) 直流发电机　e) 齿轮系

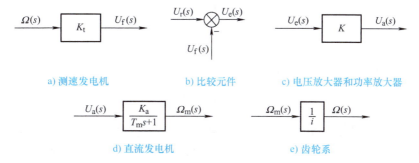

图 2-22　直流电动机转速自动控制系统各元件的结构图

各环节框图按信号的流向依次连接，就得到了如图 2-23 所示的电动机转速自动控制系统结构图。

对图 2-23 所示的结构图进行简化，可为如图 2-24 所示的结构。

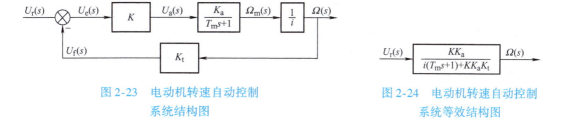

图 2-23　电动机转速自动控制系统结构图

图 2-24　电动机转速自动控制系统等效结构图

2.4　自动控制系统扩展知识

2.4.1　机电系统典型元件

任何自动控制系统都是由一些元件或装置按照一定的组成原则相互连接组成的，在进一步分析系统之前，有必要对实际系统中常用到的几种典型元件或装置进行讨论。

这里不打算对自动控制系统的部件做详尽而透彻的全面论述，只是要求读者有能力识别一些常用的装置并阐述它们的特性即可。

1. 电位器

电位器是一种机电元件，它实际上是一个小型可变电阻器，它靠滑动触点在电阻体上的滑动，取得与滑动触点位移成一定关系的输出电压。由于电位器的结构简单、精度高，所以被广泛用于需要一个可调电压的电器设备中。使用电位器的一个常见例子是收音机的音量控制。在随动系统中，电位器可作为参考输入元件和反馈元件。

电位器的原理接线如图 2-25 所示。输入电压 u_r 加到电位器 A、B 两端，输出电压 u_c 取自电位器上的 B 点与滑动触点 C 之间。当机械位移输入使滑动触点在电位器上移动时，输出电压 u_c 将随位移而改变。

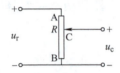

图 2-25 电位器原理图

当电位器无负载时，有如下关系：

$$u_c = u_r \frac{R_{CB}}{R_{AB}}$$

由于输入电压 u_r 和总电阻 R_{AB} 在工作时均不改变，所以输出电压 u_c 是滑动触点 C 位置的函数。若电位器的输出端电阻 R_{CB} 与触点 C 位移间按线性规律变化，那么，电阻 R_{CB} 与触点位移量 L_{CB} 便存在着正比关系。

$$\frac{R_{CB}}{R_{AB}} = \frac{L_{CB}}{L_{AB}}$$

因此，输出电压 u_c 与触点 C 的位移 L_{CB} 间为正比关系，有

$$u_c = u_r \frac{L_{CB}}{L_{AB}} = K L_{CB} \tag{2-12}$$

式中，$K = u_r/L_{AB}$ 为触点单位位移所对应的输出电压，称为电位器的比例系数或放大系数。这种电位器叫作线性电位器，是工程上应用最多的一种。对式(2-12) 进行拉普拉斯变换，可求得电位器传递函数为

$$G(s) = \frac{U(s)}{L(s)} = K \tag{2-13}$$

式(2-13) 表明，电位器的传递函数是一个常数，它取决于参考输入电压 u_r 和电位器最大工作长度。

2. 测速发电机

发电机是通过电磁感应将机械能转换为电能的装置。发电机最广泛的用途就是作为电源。在这种应用中，电枢由发电机的外部能源驱动作恒速转动。

发电机的第二种用途，尤其是在控制系统中，是作为传感器来提供与转速成比例的信号的。在这种应用中的发电机称为测速发电机或转速计。对它的主要要求是在测速和发电机电

压之间需要有高度的线性关系。

当需要与转速成正比的直流信号时,可以使用按常用直流发电机原理设计的直流测速发电机。因为需要的功率小,为了稳定性好,直流测速发电机使用永久磁场。

当需要与转速成正比的交流信号时,广泛采用两相感应测速发电机。两相感应测速发电机的直线性好,而且当轴不转时的残余输出电压小。

无论是直流还是交流测速发电机,其输出电压均正比于转子的角速度,故其微分方程可写成

$$u = K_t \omega = K_t \frac{d\theta}{dt} \tag{2-14}$$

式中,θ 为转子的转角;ω 为转速;u 为输出电压;K_t 为测速发电机输出电压的斜率。当转子改变旋转方向时,测速发电机改变输出电压的极性或相位。

在零初始条件下,对式(2-14)进行拉普拉斯变换,得

$$U(s) = K_t \Omega(s) = K_t s \Theta(s)$$

于是,可得测速发电机的传递函数为

$$G(s) = \frac{U(s)}{\Omega(s)} = K_t \quad \text{或} \quad G(s) = \frac{U(s)}{\Theta(s)} = K_t s \tag{2-15}$$

式(2-15)中的两式都可表示测速发电机的传递函数,只是当输入量取转速 $\omega(t)$ 时用前者,输入量取转角 $\theta(t)$ 时用后者。

可见,对同一个元部件,若输入、输出物理量选择不同,对应的传递函数就不同。

3. 直流电动机

电动机是将电能转换为机械能的一种装置。在许多工业过程中都使用电动机来带动机械负载做回转运动或直线运动。尤其在自动控制系统中,电动机得到了广泛应用,因为它们可以在很宽的速度和负载范围内受到连续而精确的控制。

电动机其功率范围从几千瓦覆盖到几百千瓦,已有各种各样的产品可以满足各种具体要求,基本上可分为直流和交流两类。直流电动机在大功率和小功率控制系统中得到了广泛的使用。

专门作为伺服用途的直流电动机其原理与普通电动机相同,但有一些专门的设计特点。它们往往要把所希望的大转矩与低惯性的特性结合起来。特别在低速情况下电动机应当平稳地运转,没有明显的跳跃或齿槽效应现象产生。

由例2-3式(2-4)可知,直流电动机的微分方程为

$$T_m \frac{d\omega_m(t)}{dt} + \omega_m(t) = K_a u_a(t) - K_c M_c(t)$$

忽略负载力矩的影响,在零初始条件下对上式进行拉普拉斯变换,考虑 $u_a(t)$ 对系统的作用,可得电枢控制直流电动机的传递函数为

$$G_a(s) = \frac{\Omega_m(s)}{U_a(s)} = \frac{K_a}{T_m s + 1} \tag{2-16}$$

若电动机的输出用角位移 $\theta(t)$ 表示,则传递函数还可表示成如下形式:

$$G_a(s) = \frac{\Theta(s)}{U_a(s)} = \frac{K_a}{s(T_m s + 1)} \tag{2-17}$$

交流电动机和直流电动机同样都用作自动控制系统的执行元件。交流电动机适用于小功率控制系统和仪表系统。虽然交流电动机有各种不同的类型，然而目前主要采用的是两相异步电动机，其传递函数与直流电动机有着同样的形式。

4. 齿轮系

在许多控制系统中常用高转速、小转矩电动机来组成执行机构，而负载通常要求低转速、大转矩进行调整，需要引入减速器进行匹配。减速器一般采用一个齿轮系，是连接旋转机械系统的一种普遍方法。它们在机械系统中的作用相当于电气系统中的变压器。设主动齿轮与从动齿轮的转速和齿数分别用 ω_1、Z_1 和 ω_2、Z_2 表示。

显然，齿轮传动的传动比为 $i_1 = \omega_1/\omega_2 = Z_2/Z_1$。在自动控制系统中，一般采用减速齿轮系 $\omega_1 > \omega_2$，因此传动比 $i > 1$，则齿轮减速器的传递函数可写为

$$G(s) = \frac{\Omega_2(s)}{\Omega_1(s)} = \frac{1}{i}$$

2.4.2 梅森公式

结构图是描述控制系统的一种很有用的图示法。然而，对于复杂的控制，结构图的简化过程仍很繁杂，且容易出错。利用梅森公式可以直接求出任意两个变量之间的传递函数，而不需要进行化简。梅森公式如下：

$$P = \frac{1}{\Delta} \sum_{k=1}^{N} P_k \Delta_k$$

式中，N 为前向通道的条数；Δ 为信号流图的特征式，即

$$\Delta = 1 - \sum L_1 + \sum L_2 - \sum L_3 + \cdots + (-1)^m \sum L_m$$

$\sum L_1$ 为所有不同回环传输之和；$\sum L_2$ 为所有每两个互不接触回环传输乘积之和；$\sum L_3$ 为所有每三个互不接触回环传输乘积之和；$\sum L_m$ 为任意 m 个互不接触回环传输乘积之和；P_k 为第 k 条前向通道的传输；Δ_k 为余子式，即与第 k 条前向通道不接触部分的 Δ 值（在 Δ 中去掉与第 k 条前向通道接触部分，包括有公共节点部分）。

限于篇幅，此处对梅森公式的应用不再叙述，读者可参阅相关资料。

2.5 MATLAB 建模

结合前面所学自动控制理论的基本内容，本节采用控制系统工具箱（Control Systems Toolbox）和 Simulink 工具箱，学习 MATLAB 的应用。

2.5.1 MATLAB 建立传递函数模型

1. 传递函数模型

线性系统的传递函数模型一般可表示为

$$G(s) = \frac{b_0 s^m + b_1 s^{m-1} + \cdots + b_{m-1} s + b_m}{a_0 s^n + a_1 s^{n-1} + \cdots + a_{n-1} s + a_n} \quad n \geq m$$

将系统的分子和分母多项式的系数按降幂的方式以向量的形式输入给两个变量 num 和

den，就可以轻易地将传递函数模型输入到 MATLAB 环境中。命令格式为

$$\text{num} = [b_0, b_1, \cdots, b_m]$$
$$\text{den} = [a_0, a_1, \cdots, a_n]$$

在 MATLAB 控制系统工具箱中，定义了 tf( ) 函数，它可由传递函数分子、分母给出的变量构造出单个的传递函数对象，从而使得系统模型的输入和处理更加方便。

该函数的调用格式为

$$G = \text{tf}(\text{num}, \text{den});$$

设系统的传递函数模型为

$$G(s) = \frac{s+2}{s^3 + 2s^2 + 3s + 4}$$

可以由下面的命令输入到 MATLAB 工作空间中去。

```
>>   num = [1,2];
den = [1,2,3,4];
G = tf(num,den)   % 按 <Enter> 键后，运行结果如下
Transfer function:
       s + 2
  ---------------
  s^3 + 2s^2 + 3s + 4
```

这时对象 G 可以用来描述给定的传递函数模型，作为其他函数调用的变量。当然也可直接生成传递函数模型，其程序代码为 G = tf([1,2],[1,2,3,4])。

2. 反馈系统结构图模型

设反馈系统结构图如图 2-26 所示。

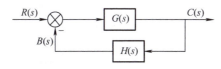

图 2-26　反馈系统结构图

控制系统工具箱中提供了 feedback( ) 函数，用来求取反馈连接下总的系统模型，该函数调用格式如下：

$$\text{Gs} = \text{feedback}(G, H, \text{sign})$$

其中，变量 sign 为反馈极性，sign = 1 表示正反馈，sign = -1 表示负反馈系统，若省略 sign 变量，则系统默认为负反馈。G 和 H 分别表示前向通道和反馈通道的环节。

若图 2-26 所示反馈系统中的两个传递函数分别为

$$G(s) = \frac{1}{3s^2 + 2s + 1}, \quad H(s) = \frac{1}{s+3}$$

则反馈系统的传递函数可由下列的 MATLAB 命令得出

```
>> G = tf(1,[3,2,1]);
   H = tf(1,[1,3]);
   Gs = feedback(G,H,-1)
% 也可表示为 Gs = feedback(G,H)。按 <Enter> 键后,运行结果如下
Transfer function:
        s + 3
   ---------------
   3 s^3 + 11s^2 + 7s + 4
```

若图 2-26 中前向通道由两个环节 $G_1(s)$ 和 $G_2(s)$ 组成,则调用形式可以为 Gs = feedback(G1 * G2,H,-1)。

2.5.2 Simulink 建立控制系统的结构图模型

在 MATLAB 中,可以利用 Simulink 工具箱来建立控制系统的结构图模型。Simulink 模型库中提供了许多模块,用来模拟控制系统中的各个环节。Simulink 具有两个显著的功能:Simulation(仿真)与 Link(连接),即可以利用鼠标在模型窗口上"画"出所需的控制系统模型。然后利用 Simulink 提供的功能来对系统进行仿真或线性化分析。下面简单介绍 Simulink 建立控制系统的结构图模型的基本方法。

(1) Simulink 的启动 在 MATLAB 命令窗口的工具栏中单击按钮 或者在命令提示符 >> 下输入 Simulink 命令,按 <Enter> 键后即可启动 Simulink 程序。启动后软件自动打开 Simulink 模型库窗口(Simulink Library Browser),如图 2-27 所示。这一模型库中含有许多子模型库,如 Sources(输入源模块库)、Sinks(输出显示模块库)等。

图 2-27 Simulink 模型库窗口

（2）建立系统结构图　选择"File"→"New"菜单中的"Model"选项，或单击工具栏上的"Create a new Model" 按钮，则可打开一个空白的模型编辑窗口。在其编辑窗口就可建立一个控制系统结构图。设需建立控制系统结构图如图 2-28 所示。

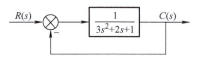

图 2-28　反馈系统结构图

1）画出所需模块，并给出正确的参数：

① 在"Math Operations"（数学）子模块库中选中"Sum"（加法器）图标，拖到编辑窗口中，并双击该图标将参数"List of Signs"（符号列表）"|++"改为"|+-"（表示输入为正，反馈为负）。

② 在"Continuous"（连续）子模块库中选中"Transfer Fcn"（传递函数）图标拖到编辑窗口中，并双击该图标产生属性对话框，在该对话框中可以设置传递函数的分子、分母多项式的系数。本例中，将"Denominator"（传递函数分母）改为〔1 2 3〕。

2）模块连接，将鼠标指针移到一个模块的输出端（＞），按下鼠标左键拖动鼠标到另一个模块的输入端（＞），松开鼠标左键就可以完成两个模块的连接；将画出的所有模块用鼠标连接起来，构成一个原系统的框图描述如图 2-29 所示。

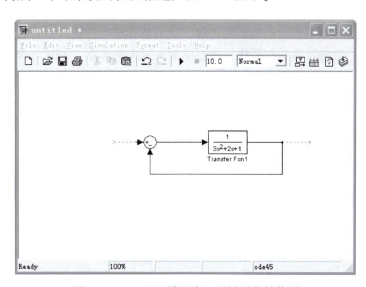

图 2-29　Simulink 模型窗口反馈系统结构图

这个简单的例子表明，Simulink 模型也是一种控制系统的数学模型。图 2-29 中的输入和输出为虚线是因为没有连接输入模块和输出模块，在项目 3 中将进一步介绍输入模块和输出模块，以及如何进行仿真。

2.5.3　MATLAB 在系统结构图化简中的应用

控制系统的结构往往是两个或更多简单系统采用串联、并联或反馈形式的连接。这里介绍这种相互连接的传递函数的 MATLAB 求法。

1. 串联

如图 2-11a 所示，两个环节 $G_1(s)$ 和 $G_2(s)$ 串联，相当于 $G(s) = G_1(s)G_2(s)$，在 MATLAB 中可用函数 series( ) 来实现，其调用格式为

> Gs = series(G1,G2)

2. 并联

如图 2-12a 所示，两个环节 $G_1(s)$ 和 $G_2(s)$ 并联，相当于 $G(s) = G_1(s) + G_2(s)$，在 MATLAB 中可用函数 parallel( ) 来实现，其调用格式为

> Gs = parallel(G1,G2)

3. 反馈连接

此处可参阅图 2-28 所示反馈系统结构图相关说明。

2.6 自动控制系统建模技能训练

2.6.1 训练任务

参考题目

为使学生加深对本项目所学的知识的理解，达到培养学生分析问题的能力，本项目训练任务可采用直流电动机转速自动控制系统，在这里加入速度调节器（ASR），如图 2-30 所示。

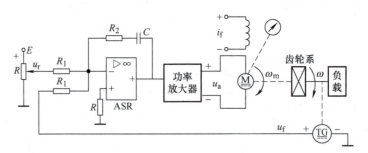

图 2-30 转速自动控制系统原理图

任务

1) 建立微分方程模型。
2) 建立系统框图模型。
3) 求取传递函数。

提示：在做此训练任务之前建议完成课后习题；根据调节器的基本原理，R_2 的电流为给定电流与速度反馈电流之差。

2.6.2 训练内容

本项目训练内容可参考表 2-3。具体任务可以是如图 2-30 所示的电动机转速自动控制系统，也可以是自选的控制系统，具体要求可由指导教师说明。

表 2-3　自动控制系统数学建模报告书

题目名称			
学习主题	自动控制系统的简单数学建模能力		
重点难点	控制系统数学模型的建立、系统结构图的建立及系统传递函数的求取		
训练目标	主要知识能力指标	（1）通过学习，能够用理论推导系统的数学模型——微分方程 （2）掌握典型元部件的传递函数的求取 （3）掌握结构图的绘制，由结构图等效变换求传递函数	
	相关能力指标	（1）提高解决实际问题的能力，具有一定的专业技术理论 （2）养成独立工作的习惯，能够正确制订工作计划 （3）培养学生良好的职业素质及团队协作精神	
参考资料学习资源	教材、图书馆相关教材、课程相关网站、互联网检索等		
学生准备	教材、笔、笔记本、练习纸		
教师准备	熟悉教学标准，演示实验，讲授内容，设计教学过程，教材、记分册		
工作步骤	（1）明确任务	教师提出任务	
	（2）分析过程 （学生借助于资料、材料和教师提出的引导问题，自己做一个工作计划，并拟定出检查、评价工作成果的标准要求）	各环节微分方程	
		微分方程模型	
		各环节传递函数	
		各环节结构图	
		等效结构图	
		传递函数模型	
		MATLAB表示传递函数程序代码	
		Simulink结构图模型	
	（3）自己检查 在整个过程中学生依据拟定的评价标准，检查是否符合要求地完成了工作任务		
	（4）小组、教师评价 完成小组评价，教师参与，与教师进行专业对话，教师评价学生的工作情况，给出建议		

2.6.3 考核评价

本任务在例题基础上做了改进,在掌握好例题与课后习题的基础上,学生能比较容易完成,可通过学生自评、小组互评和教师评价检验任务的完成情况,评价方式可参考表2-4。

表2-4 教学检查与考核评价表

	检查项目	检查结果及改进措施	应得分	实得分（自评）	实得分（小组）	实得分（教师）
检查	练习结果正确性		20			
	知识点的掌握情况（应侧重于微分方程、传递函数、系统结构图）		40			
	能力控制点检查		20			
	课外任务完成情况		20			
	综合评价		100			

项目总结

- 控制系统的数学模型是描述系统输入、输出变量以及内部各变量之间关系的数学表达式,是对系统进行理论分析研究的主要依据。
- 微分方程是系统的时域数学模型,正确理解和掌握系统的工作过程、各元部件的工作原理是建立微分方程的前提。
- 传递函数是系统的复数域数学模型,是经典控制理论中的一种重要的数学模型。熟练掌握和运用传递函数的概念,有助于分析和研究复杂系统。根据运动规律和数学模型的共性,任何复杂系统都可先划分为几种典型环节的组合,再利用传递函数和图解法能较方便地建立系统的数学模型。
- 结构图是传递函数的图解化,能够直观形象地表示出系统中信号的传递变换特性,有助于求解系统的各种传递函数,分析研究系统。应用梅森公式不经任何结构变换,可求出系统的传递函数。
- 根据运动规律和数学模型的共性,任何复杂系统都可先划分为几种典型环节的组合,再利用传递函数和图解法能较方便地建立系统的数学模型。闭环控制系统的传递函数是分析系统动态性能的主要数学模型,在系统分析和设计中的地位十分重要。

本项目所介绍模型之间的转换关系可用图 2-31 表示。

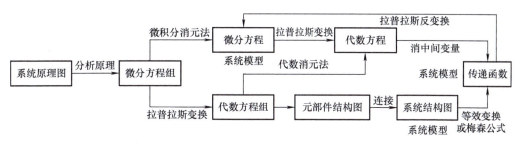

图 2-31　数学模型转换关系图

习　题

2-1　选择题

（1）线性定常系统的传递函数就是（　　）。

A. 输出的拉普拉斯变换与输入的拉普拉斯变换之比。

B. 零初始条件下，输出与输入之比。

C. 零初始条件下，输入的拉普拉斯变换与输出的拉普拉斯变换之比。

D. 零初始条件下，输出的拉普拉斯变换与输入的拉普拉斯变换之比。

（2）线性定常系统的传递函数与（　　）有关。

A. 本身的结构、参数　　　　　B. 初始条件

C. 本身的结构、参数与外作用信号　　D. 外作用信号

（3）积分环节的传递函数是（　　）。

A. $\dfrac{1}{Ts}$　　　　B. $\dfrac{1}{Ts+1}$　　　　C. $Ts+1$　　　　D. $\dfrac{1}{s+1}$

（4）结构图的等效变换的原则是（　　）。

A. 变换后与变换前的输入量保持不变

B. 变换后与变换前的输出量保持不变

C. 变换后与变换前的输入量与输出量保持不变

D. 变换后与变换前的输入量与反馈量保持不变

（5）延迟环节的特点是（　　）。

A. 输入量与输出量的变化形式不同，有一段时间的延迟

B. 输入量与输出量的变化形式不同，但基本可以做到输入量与输出量同步出现

C. 输入量与输出量的变化形式相同，但基本可以做到输入量与输出量同步出现

D. 输入量与输出量的变化形式相同，但有一段时间的延迟

（6）积分环节的特点是（　　）。

A. 输出量为输入量对时间的积累
B. 输出量成比例地跟随输入量变化
C. 输出量不能突变，只能按指数规律变化
D. 输出量为输入量对时间的突变

（7）闭环系统的开环传递函数是（　　）。

A. 系统的闭环传递函数
B. 系统前向通道与反馈通道传递函数的乘积
C. 系统前向通道与反馈通道传递函数的代数和
D. 系统前向通道的传递函数

2-2 求如图 2-32 所示无源网络的微分方程及传递函数。

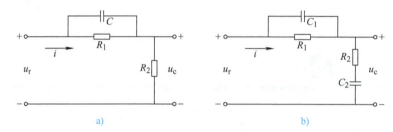

图 2-32　无源网络

2-3 求如图 2-33 所示有源网络的传递函数。

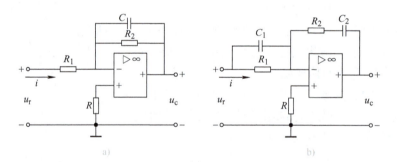

图 2-33　有源网络

2-4 图 2-34 所示系统为由运算放大器组成的某控制系统电路，试求其闭环传递函数。

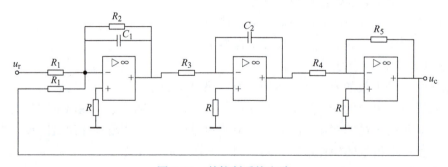

图 2-34　某控制系统电路

2-5 设多环系统的结构图如图 2-35 所示,试对其进行简化,并求闭环传递函数。

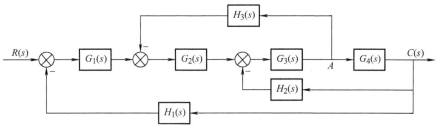

图 2-35 多环系统结构图

项目3

自动控制系统的时域分析

学习目标

职业技能	掌握系统动态响应的指标分析能力,掌握利用MATLAB软件进行时域分析的方法,并能针对自动控制系统的不同特点分析系统的稳定性
职业知识	掌握自动控制系统的时域性能指标,掌握系统动态响应特点
职业素养	通过本项目学习,加深学生对以前所学的知识的理解,培养学生具有分析及改善系统性能技能,培养学生准确分析系统特点的意识

教学内容及要求

知识要求	掌握自动控制系统典型的干扰信号、时域性能指标基本知识;重点掌握一阶、二阶系统的动态响应特点;掌握系统稳定性的概念,以及稳定条件下,系统参数对系统性能指标的影响
技能要求	掌握自动控制系统时域分析方法,并能运用MATLAB软件进行典型环节的分析,并根据相关的性能指标分析系统的特性,掌握直流调速系统的操作应用技能
实践内容	在MATLAB软件中进行系统的设计和分析
教学重点	自动控制系统的时域分析
教学难点	自动控制系统的时域分析

项目分析

本项目在数学建模的基础上分析系统的性能指标。时域分析就是根据控制系统的时间响应来分析系统的稳定性、暂态性能和稳态精度,具有直观和准确的优点,尤其适用于低阶系统。在具体理论环节中,应通过一些理论知识的学习,使学生了解自动控制系统的一般分析方法、系统性能指标的含义。在实践环节中,使学生认识自动控制系统分析的实际运用,学会运用自己学到的知识去分析问题,解决问题。

 项目实施方法

3.1 项目导读

项目2已介绍了一些自动控制系统的数学模型建立方法，一旦建立了合理的、便于分析的数学模型，就可以对已组成的控制系统进行分析，从而得出系统性能的改进方法。前面项目已经建立了直流电动机转速自动控制系统的数学模型，本项目分析直流电动机转速自动控制系统时间响应的全部信息。

3.1.1 基本要求

在项目1中，我们知道负反馈是实现控制的基本方法。但仅仅有了负反馈，并不一定能实现满意的控制。对于直流电动机转速自动控制系统，还需给出如下要求：
1）根据建立的数学模型，判断系统的阶数。
2）判断系统的稳定性。
3）系统到达稳态的过程中，观察系统的稳定时间以及速度是一直上升到稳定值还是速度到达最大值后回落，然后再稳定。
4）系统进入稳态后，实际的速度是否和希望的速度一致。

3.1.2 扩展要求

1）系统到达稳态的过程中，你认为应该考虑哪些指标？
2）查阅相关资料，确定直流电动机转速自动控制系统每一组成部分的参数。

3.1.3 学生需提交的材料

直流电动机转速自动控制系统时域分析报告书一份。

3.2 时域分析基础知识

经典控制理论中，常用时域分析法、根轨迹法或频率分析法来分析控制系统的性能。本项目主要介绍时域分析法。所谓时域分析法是根据描述系统的微分方程或传递函数，直接求解出在某种典型输入作用下系统输出随时间 t 变化的表达式或其他相应的描述曲线来分析系统的三性（稳定性、动态性能和稳态性能）。

相比于其他分析法，时域分析法是一种直接分析法，具有直观和准确的优点，并且可以提供系统时间响应的全部信息，尤其适用于一、二阶系统性能的分析和计算。对二阶以上的高阶系统，则需采用频率分析法（详见项目4）和根轨迹法。

3.2.1 典型输入信号

控制系统的输出响应是系统数学模型的解。系统的输出响应不仅取决于系统本身的结构

参数、初始状态，而且和输入信号的形式有关。初始状态可以做统一规定，如规定为零初始状态。如再将输入信号规定为统一的形式，则系统响应由系统本身的结构、参数来确定，因而更便于对各种系统进行比较和研究。

一般说来，人们是针对某一类输入信号来设计控制系统的。某些系统，例如室温系统或水位调节系统，其输入信号为要求的室温或水位高度，这是设计者所熟知的。但是在大多数情况下，控制系统的输入信号以无法预测的方式变化。例如，在防空火炮系统中，敌机的位置和速度无法预料，使系统的输入信号具有随机性，从而给特定系统的性能要求以及分析和设计工作带来了困难。为了便于进行分析和设计，同时也为了便于对各种控制系统的性能进行比较，需要假定一些基本的输入函数形式，这称为典型输入信号。

典型输入信号是指根据系统常遇到的输入信号形式，在数学描述上加以理想化的一些基本输入函数。典型输入信号一般应具备以下两个条件：

1）典型信号应具有一定的代表性，而且其数学表达式简单，以便于数学分析、计算与处理。

2）典型信号应易于在实验室获得。

一般地，自动控制系统常采用下述五种信号作为典型的输入信号。

1. 脉冲信号

脉冲信号可看作是一个持续时间极短的信号，如图 3-1a 所示。其数学表达式为

$$r(t) = \begin{cases} 0 & t<0, t>\varepsilon \\ \dfrac{A}{\varepsilon} & 0 \leq t \leq \varepsilon \end{cases}$$

当 $A=1$，$\varepsilon \to 0$ 时，则称其为单位理想脉冲函数，如图 3-1b 所示，并用 $\delta(t)$ 表示。

$$\delta(t) = \lim_{\varepsilon \to 0} \delta_\varepsilon(t) = \begin{cases} 0 & t \neq 0 \\ \infty & t = 0 \end{cases}$$

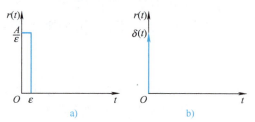

图 3-1 脉冲信号

单位脉冲函数的积分面积是 1，其拉普拉斯变换为 1。单位理想脉冲函数是幅值为无穷大、持续时间为零的脉冲，纯属数学上的假设，但在系统分析中却很有用处。在自动控制系统中，单位脉冲函数相当于一个瞬时的扰动信号。脉宽很窄的电压信号、瞬时作用的冲击力、阵风或大气湍流等，均可近似为脉冲作用。

2. 阶跃信号

阶跃信号表示输入量的瞬间突变过程，如图 3-2 所示。其数学表达式为

$$r(t) = \begin{cases} A & t \geq 0 \\ 0 & t < 0 \end{cases}$$

式中，A 为常数。$A=1$ 的阶跃函数称为单位阶跃函数，记为 $1(t)$。

单位阶跃函数的拉普拉斯变换为 $1/s$。在自动控制系统中，一个不变的信号突然加到系统上，如指令的突然转换、电源的突然接通、负荷的突变等，都可视为阶跃信号。在时域分析中，阶跃信号用得最为广泛。

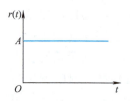

图 3-2 单位阶跃信号

3. 斜坡信号

斜坡信号也称等速度函数，它表示由零值开始随时间 t 线性增长的信号。其数学表达式为

$$r(t) = \begin{cases} At & t \geq 0 \\ 0 & t < 0 \end{cases}$$

这种函数相当于随动系统中加入一个按恒速变化的位置信号，恒速度为 A。当 $A=1$ 时，称为单位斜坡信号，如图 3-3 所示。

单位斜坡函数的拉普拉斯变换为 $1/s^2$。随动系统中恒速变化的位置指令信号、数控机床加工斜面时的进给指令、大型船闸匀速升降时主拖动系统发出的位置信号等都是斜坡信号函数。

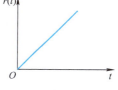

图 3-3 单位斜坡信号

4. 抛物线信号

抛物线信号也称等加速度信号，它表示随时间以等加速度增长的信号。其数学表达式为

$$r(t) = \begin{cases} \dfrac{1}{2}At^2 & t \geq 0 \\ 0 & t < 0 \end{cases}$$

这种函数相当于系统中加入一个按加速度变化的位置信号，加速度为 A。当 $A=1$ 时，称为单位抛物线信号，如图 3-4 所示。

单位抛物线函数的拉普拉斯变换为 $1/s^3$。抛物线信号可模拟以恒定加速度变化的物理量。

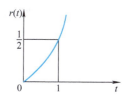

图 3-4 单位抛物线信号

5. 正弦信号

正弦信号的数学表达式为

$$r(t) = \begin{cases} A\sin\omega t & t \geq 0 \\ 0 & t < 0 \end{cases}$$

式中，A 为振幅；ω 为角频率。其拉普拉斯变换为 $\dfrac{A\omega}{s^2+\omega^2}$。

用正弦函数作输入信号，可以求得系统对不同频率的正弦输入函数的稳态响应，由此可以间接判断系统的性能。在实际控制过程中，电源及振动的噪声、海浪对船舶的扰动力等，均可近似为正弦信号作用。更为重要的是，系统在正弦函数作用下的响应即频率响应，是自动控制理论中研究控制系统性能的重要依据。

对于以上五种典型输入信号，实际应用时究竟采用哪一种，取决于系统常见的工作状态；同时，在所有可能的输入信号中，往往选取最不利的信号作为系统的典型输入信号。这种处理方法在许多场合是可行的。

在一般情况下，工作状态突然改变或突然受到恒定输入作用的控制系统，则应取阶跃信号为实验信号；如果系统的输入大多是随时间逐渐增加的信号，则选择斜坡信号为实验信号；如果系统的输入信号是一个瞬时冲击的函数，则显然脉冲信号为最佳选择。如果系统的输入信号具有周期性，可选正弦函数作为典型输入。同一系统中，不同形式的输入信号所对应的输出响应是不同的，但对于线性控制系统来说，它们所表征的系统性能是一致的。通

常以单位阶跃信号作为典型输入作用，可在一个统一的基础上对各种控制系统的特性进行比较和研究。

为了评价线性系统时间响应的性能指标，需要研究控制系统在典型输入信号作用下的时间响应过程。

3.2.2 时域性能指标

在典型输入信号作用下，任何一个控制系统的时间响应都由动态过程（暂态过程、瞬态过程）和稳态过程两部分组成。

动态过程又称动态响应，指系统在典型输入信号作用下，系统输出量从初始状态到最终状态的响应过程。由于实际控制系统受惯性、摩擦以及其他一些原因的影响，系统输出量不可能完全复现输入量的变化。根据系统结构和参数选择情况，动态过程表现为衰减、发散或等幅振荡形式。显然，一个可以实际运行的控制系统，其动态过程必须是衰减的，换句话说，系统必须是稳定的。动态过程除提供系统稳定性的信息外，还可以提供响应速度及阻尼情况等信息。这些信息用动态性能描述。

稳态过程又称稳态响应，指当时间 t 趋于无穷时，系统的输出状态。稳态过程由稳态性能描述。

由此可见，系统响应由稳态响应和动态响应组成，稳态响应由稳态性能描述，而动态响应由动态性能描述，故系统的性能指标也就由稳态性能指标和动态性能指标组成。

1. 动态性能指标

时域中评价系统的动态性能通常以系统对单位阶跃输入信号的暂态响应为依据。因为阶跃输入对系统来说是最一般也是最严峻的工作状态，如果系统在阶跃信号输入下的暂态性能满足要求，则在其他形式的输入信号下，其动态性能一般也会令人满意。这时系统的动态响应曲线称为单位阶跃响应。

实际应用的控制系统，多数为如图 3-5 所示的阻尼振荡阶跃响应。为了评价系统的动态性能，规定如下指标：

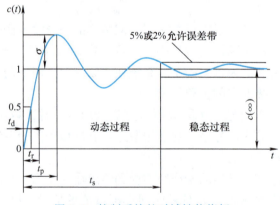

图 3-5 控制系统的时域性能指标

（1）延迟时间（Delay Time）t_d 延迟时间是指响应曲线第一次达到稳态值的一半所需的时间。

(2) 上升时间（Rise Time）t_r　上升时间一般是指响应曲线从稳态值的10%上升到90%所需的时间（对于欠阻尼二阶系统，通常采用0~100%的上升时间；对于过阻尼系统，通常采用10%~90%的上升时间），上升时间越短，响应速度越快。

(3) 峰值时间（Peak Time）t_p　峰值时间是指输出响应超过稳态值而达到第一个峰值[即$c(t_p)$]所需的时间。

(4) 调节时间（Settling Time）t_s　调节时间是指当输出量$c(t)$和稳态值$c(\infty)$[$c(\infty)$为$t\to\infty$时的输出值]之间的偏差达到允许范围（通常取5%或2%）以后，不再超过此值所需的最短时间。

(5) 最大超调量（Maximum Overshoot）　最大超调量是指暂态过程中输出响应的最大值超过稳态值的百分数，用$\sigma\%$来表示，即

$$\sigma\% = \frac{c(t_p) - c(\infty)}{c(\infty)} \times 100\%$$

(6) 振荡次数N　振荡次数是指在t_s内，$c(t)$偏离$c(\infty)$的振荡次数。

2. 稳态性能指标

稳态误差是描述系统稳态性能的一种性能指标，通常在阶跃函数、斜坡函数或加速度函数作用下进行测定或计算。若时间趋于无穷时，系统的输出量不等于输入量或输入量的确定函数，则系统存在稳态误差。稳态误差用e_{ss}来表示，指系统输出实际值与希望值之差。

在上述几项指标中，t_r、t_p描述系统起始段的快慢；$\sigma\%$和N反映动态过程振荡的剧烈程度，标志动态过程的稳定性；t_s表示系统过渡过程的持续时间，总体上反映系统的快速性；e_{ss}反映系统复现输入信号的最终精度。一般以$\sigma\%$、t_s和e_{ss}评价系统响应的稳、快、准。

这些性能指标是相当重要的，因为大多数控制系统是时域系统，换句话说，这些系统必须具备适当的时域响应特性（这意味着控制系统必须不断地修改，直到响应满足要求为止）。

应当注意，并不是在任何情况下都必须采用这些性能指标，如图3-6所示的单调上升系统中就可以不用采用峰值时间和最大超调量。

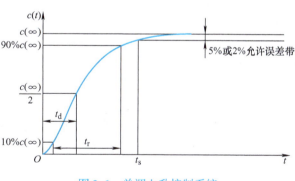

图3-6　单调上升控制系统

3.2.3　一阶系统的时域分析

由一阶微分方程描述的系统称为一阶系统。一些控制元部件及简单系统如RC网络、发电机、液面控制系统等都是一阶系统。一阶系统的微分方程为

$$T\frac{dc(t)}{dt} + c(t) = r(t)$$

一阶系统的结构图如图3-7a所示。其闭环传递函数为

$$G(s) = \frac{1}{Ts + 1}$$

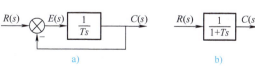

图3-7　一阶系统结构图及简化结构图

图 3-7a 可简化为如图 3-7b 所示结构。

系统中只有一个参数 T，一阶系统也叫惯性环节。对于不同的系统，时间常数 T 具有不同的物理意义。下面分析在四种不同的典型输入信号作用下一阶系统的时域特性。

1. 单位脉冲响应

当输入信号为单位脉冲信号时，有
$$r(t) = \delta(t) \quad R(s) = 1$$

系统输出量的拉普拉斯变换为
$$C(s) = G(s)R(s) = \frac{1}{Ts+1} = \frac{1/T}{s+1/T}$$

对上式进行拉普拉斯反变换，得单位阶跃响应为
$$c(t) = L^{-1}[C(s)] = \frac{1}{T}e^{-\frac{t}{T}}$$

可以画出一阶系统的单位脉冲响应如图 3-8 所示。

由图 3-8 可见，一阶系统的单位脉冲响应曲线是一条单调下降的指数曲线。时间常数 T 越小，系统响应速度越快。

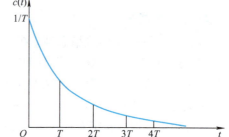

图 3-8　一阶系统的单位脉冲响应图

2. 单位阶跃响应

当输入信号为单位阶跃信号时，有
$$r(t) = 1(t) \quad R(s) = \frac{1}{s}$$

系统输出量的拉普拉斯变换为
$$C(s) = G(s)R(s) = \frac{1}{s(Ts+1)} = \frac{1}{s} - \frac{1}{s+1/T}$$

对上式进行拉普拉斯反变换，得单位阶跃响应为
$$c(t) = L^{-1}[C(s)] = 1 - e^{-\frac{t}{T}}$$

可以画出一阶系统的单位阶跃响应如图 3-9 所示。

由图 3-9 可见，一阶系统的单位阶跃响应是一条初始值为 0，按指数规律上升到稳态值 1 的曲线。根据动态性能指标的定义，由系统的输出响应可得到其动态性能。

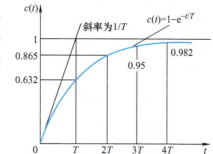

图 3-9　一阶系统的单位阶跃响应图

调节时间为　　$t_s = 3T$　　（±5% 的误差带）

　　　　　　　$t_s = 4T$　　（±2% 的误差带）

延迟时间为　　$t_d = 0.69T$

上升时间为　　$t_r = 2.20T$

峰值时间和超调量都为 0。

对于一阶系统的单位阶跃响应，$e_{ss} = \lim\limits_{t \to \infty} e(t) = \lim\limits_{t \to \infty} [r(t) - c(t)] = 0$，说明一阶系统跟踪阶跃输入信号时，无稳态误差。另外单位阶跃响应曲线的初始斜率为 $\dfrac{dc(t)}{dt}\bigg|_{t=0} = \dfrac{1}{T}$

3. 单位斜坡响应

当输入信号为单位斜坡信号时,有

$$r(t) = t \cdot 1(t) \quad R(s) = \frac{1}{s^2}$$

系统输出量的拉普拉斯变换为

$$C(s) = G(s)R(s) = \frac{1}{s^2(Ts+1)}$$

对上式进行拉普拉斯反变换,得单位斜坡响应为

$$c(t) = L^{-1}[C(s)] = t - T + Te^{-\frac{t}{T}}$$

式中,$(t-T)$ 为稳态分量,$Te^{-t/T}$ 为暂态分量。可以画出一阶系统的单位斜坡响应如图3-10所示。由一阶系统单位斜坡响应可分析出 $e_{ss} = \lim_{t \to \infty} e(t) = \lim_{t \to \infty} [r(t) - c(t)] = T$,说明一阶系统跟踪单位斜坡输入信号时,稳态误差为 T。从提高斜坡响应的精度来看,要求一阶系统的时间常数 T 要小。

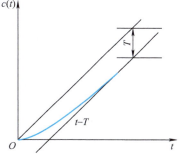

图3-10 一阶系统的单位斜坡响应图

4. 单位加速度响应

当输入信号为单位加速度信号时,有

$$r(t) = \frac{1}{2}t^2 \cdot 1(t) \quad R(s) = \frac{1}{s^3}$$

系统输出量的拉普拉斯变换为

$$C(s) = G(s)R(s) = \frac{1}{s^3(Ts+1)}$$

对上式进行拉普拉斯反变换,得单位斜坡响应为

$$c(t) = L^{-1}[C(s)] = \frac{1}{2}t^2 - Tt + T^2(1 - e^{-\frac{t}{T}})$$

误差为

$$e(t) = r(t) - c(t) = Tt - T^2(1 - e^{-\frac{t}{T}})$$

可见 $e_{ss} = \lim_{t \to \infty} e(t) = \infty$,说明一阶系统无法跟踪加速度输入信号。

综上所述,一阶系统对四种典型输入信号的输出响应见表3-1。

表3-1 一阶系统对典型输入信号的输出响应

	输入信号		输出响应	
微分↑	$\delta(t)$	1	$\frac{1}{T}e^{-\frac{t}{T}}$ $t \geq 0$	积分↓
	$1(t)$	$\frac{1}{s}$	$1 - e^{-\frac{t}{T}}$ $t \geq 0$	
	t	$\frac{1}{s^2}$	$t - T + Te^{-\frac{t}{T}}$ $t \geq 0$	
	$\frac{1}{2}t^2$	$\frac{1}{s^3}$	$\frac{1}{2}t^2 - Tt + T^2(1 - e^{-\frac{t}{T}})$ $t \geq 0$	

系统对输入信号导数的响应,就等于系统对该输入信号响应的导数;系统对输入信号积分的响应,就等于系统对该输入信号响应的积分,其中积分常数由零初始条件确定。因此,在研究线性定常系统的时间响应时,不必对每种输入信号形式都进行测定和计算,往往只取其中一种典型形式进行研究即可。通常情况下,以单位阶跃信号作为典型输入作用。

例 3-1 设某发电机结构模型如图 3-11 所示,试求其单位阶跃响应的动态性能指标(±5%的误差带)。如果要求 $t_s \leq 3$,系统的反馈系数应如何调整?

解:系统的闭环传递函数为

$$G(s) = \frac{\dfrac{1}{2s}}{1+\dfrac{1}{2s}} = \frac{1}{2s+1}$$

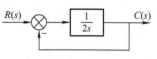

图 3-11 发电机结构模型

可见这是一个典型的一阶系统,调节时间 $t_s = 3T = 6s$(±5%的误差带)。

延迟时间为 $t_d = 0.69T = 1.38s$
上升时间为 $t_r = 2.20T = 4.40s$
峰值时间和超调量都为 0。

若要求调节时间 $t_s \leq 3$,设反馈系数为 $\alpha(\alpha > 0)$,则系统的闭环传递函数可写为

$$G(s) = \frac{\dfrac{1}{2s}}{1+\alpha\dfrac{1}{2s}} = \frac{\dfrac{1}{\alpha}}{\dfrac{2}{\alpha}s+1}$$

则有 $t_s = 3T = \dfrac{3}{2\alpha} \leq 3$,可得反馈系数 $\alpha \geq 0.5$。

3.2.4 二阶系统的时域分析

1. 二阶系统的数学模型

由二阶微分方程描述的系统称为二阶系统。从物理上讲,二阶系统总包含两个储能元件,能量在两个元件之间交换,从而引起系统具有往复的振荡趋势,这样的二阶系统也称为二阶振荡环节。在工程实践中,二阶系统应用极为广泛。如前面提到的 *RLC* 网络、质量-弹簧-阻尼系统等。对于高阶系统,在一定条件下可以作为二阶系统来研究。因此,研究二阶系统的特性,具有重要的实际意义。

为分析方便,常将二阶系统的闭环传递函数写成

$$G(s) = \frac{C(s)}{R(s)} = \frac{\omega_n^2}{s^2 + 2\zeta\omega_n s + \omega_n^2} \tag{3-1}$$

其结构图如图 3-12 所示。

式(3-1) 称为二阶系统的闭环传递函数的标准形式,其中,ζ 为典型二阶系统的阻尼比,ω_n 为无阻尼振荡频率或称自然振荡角频率,它们均为系统参数。系统闭环传递函数的分母等于零所得方程式称为系统的特征方程式。标准二阶系统的特征方程式为

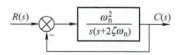

图 3-12 典型二阶系统结构图

$$s^2 + 2\zeta\omega_n s + \omega_n^2 = 0$$

它的两个特征根是 $s_{1,2} = -\zeta\omega_n \pm \omega_n\sqrt{\zeta^2-1}$。

ζ 和 ω_n 是二阶系统两个重要参数，系统响应特性完全由这两个参数来描述。若系统阻尼比 ζ 取值范围不同，则系统特征根形式不同，系统的响应特性也不同，具体情况见表 3-2。

表 3-2 二阶系统关系表

分类	特征根	特征根分布	单位阶跃响应
$\zeta>1$ 过阻尼	$s_{1,2} = -\zeta\omega_n \pm \omega_n\sqrt{\zeta^2-1}$		
$\zeta=1$ 临界阻尼	$s_{1,2} = -\omega_n$		
$0<\zeta<1$ 欠阻尼	$s_{1,2} = -\zeta\omega_n \pm j\omega_n\sqrt{1-\zeta^2}$		
$\zeta=0$ 无阻尼	$s_{1,2} = \pm j\omega_n$		

由表 3-2 可知，在不同的阻尼比时，二阶系统的动态响应有很大的区别。当 $\zeta<0$ 时，系统发散振荡（表 3-2 中未列出）；当 $\zeta=0$ 时，系统处于无阻尼状态，响应为等幅振荡，系统不能正常工作，而在 $\zeta\geq1$ 时，响应为单调上升过程，系统暂态响应进行的太慢。所以，对二阶系统来说，欠阻尼情况是最有实际意义的。下面分析欠阻尼情况下二阶系统动态性能指标。

2. 欠阻尼二阶系统动态性能指标

在控制工程中，除了那些不容许产生振荡响应的系统外，通常都希望控制系统具有适度的阻尼、快速的响应速度和较短的调节时间。二阶系统一般取 $\zeta=0.4\sim0.8$。其他的动态性能指标，有的可用 ζ 和 ω_n 精确表示，如 t_r、t_p、$\sigma\%$，有的很难用 ζ 和 ω_n 准确表示，如 t_d、t_s，此时可采用近似算法，具体计算方法如下。

(1) 上升时间 t_r

$$t_r = \frac{\pi - \theta}{\omega_d}$$

式中，$\theta = \arctan \frac{\sqrt{1-\zeta^2}}{\zeta}$，$\omega_d = \omega_n \sqrt{1-\zeta^2}$

由上式可以看出 ω_n 和 ζ 对上升时间的影响，显然，增大 ω_n 或减小 ζ，均能减小 t_r，从而加快系统的初始响应速度。

(2) 峰值时间 t_p

$$t_p = \frac{\pi}{\omega_d} = \frac{\pi}{\omega_n \sqrt{1-\zeta^2}}$$

上式说明，增大 ω_n 或减小 ζ，均能减小 t_p，与 t_r 随 ω_n 和 ζ 变化的规律相同。

(3) 最大超调量 $\sigma\%$

$$\sigma\% = e^{-\frac{\zeta\pi}{\sqrt{1-\zeta^2}}} \times 100\%$$

可见，超调量仅由 ζ 决定，ζ 越大，$\sigma\%$ 越小。

(4) 调整时间 t_s

$$t_s \approx \begin{cases} \dfrac{3}{\zeta\omega_n} & (\Delta = \pm 5\%) \\ \dfrac{4}{\zeta\omega_n} & (\Delta = \pm 2\%) \end{cases}$$

通过以上计算方法可知，t_s 近似与 ζ、ω_n 成反比。在设计系统时，ζ 通常由要求的最大超调量决定，所以调节时间 t_s 由无阻尼自然振荡频率 ω_n 所决定。也就是说，在不改变超调量的条件下，可以通过改变 ω_n 值来改变调节时间 t_s。

由以上性能指标的计算公式，可得到如下结论：

1) 阻尼比 ζ 是二阶系统的重要参数，由 ζ 值的大小，可以间接判断一个二阶系统的暂态品质。在过阻尼的情况下，暂态特性为单调变化曲线，没有超调量和振荡，但调节时间较长，系统反应迟缓。当 $\zeta \leq 0$ 时，输出量做等幅振荡或发散振荡，系统不能稳定工作。

2) 一般情况下，系统在欠阻尼情况下工作。但是 ζ 过小，则超调量大，振荡次数多，调节时间长，暂态特性品质差。应该注意，超调量只和阻尼比有关。因此，通常可以根据允许的超调量来选择阻尼比 ζ。

3) 调节时间与阻尼比 ζ 和 ω_n 这两个特征参数的乘积成反比。在阻尼比一定时，可通过改变 ω_n 来改变暂态响应的持续时间。ω_n 越大，系统的调节时间越短。

4) 为了限制超调量，并使调节时间 t_s 较短，阻尼比一般为 0.4~0.8，这时阶跃响应的超调量为 25%~1.5%。特别是当 $\zeta = 0.7$ 时，调节时间最短，快速性最好，且超调量 $\sigma\% \leq 5\%$，平稳性也好，故又称 $\zeta = 0.7$ 为最佳阻尼比。

例 3-2 已知某控制系统的结构图如图 3-13 所示。若 $K = 8$，$T = 0.125s$，试求：二阶系统的特征参数 ζ 和 ω_n；暂态特性指标 $\sigma\%$ 和 t_s（$\Delta = \pm 2\%$）。

解： 由系统结构图可求出闭环系统的传递函数为

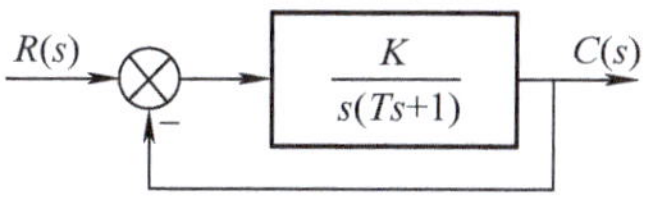

$$G(s) = \frac{K}{Ts^2 + s + K} = \frac{K/T}{s^2 + \frac{1}{T}s + \frac{K}{T}}$$

图 3-13 某控制系统结构图

与标准二阶系统的传递函数

$$G(s) = \frac{\omega_n^2}{s^2 + 2\zeta\omega_n s + \omega_n^2}$$

比较得

$$\omega_n = \sqrt{\frac{K}{T}},\ \zeta = \frac{1}{2\sqrt{KT}}$$

已知 K、T 值，由上式可得

$$\omega_n = \sqrt{\frac{K}{T}} = \sqrt{\frac{8}{0.125}}\text{rad/s} = 8\text{rad/s},\ \zeta = \frac{1}{2\sqrt{KT}} = \frac{1}{2 \times \sqrt{8 \times 0.125}} = 0.5$$

由性能指标计算公式可得

$$\sigma\% = e^{-\frac{\zeta\pi}{\sqrt{1-\zeta^2}}} \times 100\% = e^{-\frac{0.5\pi}{\sqrt{1-0.5^2}}} \times 100\% = 16.3\%$$

$$t_s \approx \frac{4}{\zeta\omega_n} = \frac{4}{0.5 \times 8}\text{s} = 1\text{s}(\Delta = \pm 2\%)$$

对于高阶系统，由于其数学模型为高阶微分方程，要求出对输入的响应比较困难。从求解常系数线性微分方程式的知识可知，系统瞬态响应的基本特点取决于系统特征方程式的根，因此可以从系统的特征方程式来判别系统瞬态响应的某些基本特点。

一个高阶系统的瞬态响应可以看作是由若干个低阶系统的瞬态响应所组成。实际上，大多数高阶系统的瞬态响应，起主导作用的往往是一个二阶系统（或再加上一个一阶系统），即高阶可以看成是由一阶和二阶系统瞬态响应分量组合而成的。

3.2.5 控制系统的稳定性分析

稳定性是控制系统的重要性能，也是系统能够正常运行的首要条件。控制系统在实际运行过程中，总会受到外界和内部一些因素的扰动，例如负载和能源的波动、系统参数的变化、环境条件的改变等。如果系统不稳定，就会在任何微小的扰动作用下偏离原来的平衡状态，并随时间的推移而发散。因而，如何分析系统的稳定性并提出保证系统稳定的措施，是自动控制理论的基本任务之一。

1. 稳定性的基本概念

任何系统在扰动作用下都会偏离原平衡状态，产生初始偏差。所谓稳定性，是指系统受到扰动作用后偏离原来的平衡状态，在扰动作用消失后，经过一段过渡时间能否恢复到原来的平衡状态或足够准确地回到原来的平衡状态的性能。若系统能恢复到原来的平衡状态，则称系统是稳定的；若扰动消失后系统不能恢复到原来的平衡状态，则称系统是不稳定的。

线性系统的稳定性是其自身的属性，只取决于系统自身的结构、参数，与初始条件及外作用无关。

2. 稳定的充分必要条件

设控制系统的闭环传递函数为

$$G(s) = \frac{C(s)}{R(S)} = \frac{b_0 s^m + b_1 s^{m-1} + \cdots + b_{m-1}s + b_m}{a_0 s^n + a_1 s^{n-1} + \cdots + a_{n-1}s + a_n}$$

其特征方程式（即闭环系统传递函数的分母多项式 =0）为

$$a_0 s^n + a_1 s^{n-1} + \cdots + a_{n-1} s + a_n = 0$$

线性系统稳定的充分必要条件是：系统特征方程式的所有根（即闭环传递函数的极点）全部为负实数或为具有负实部的共轭复数，也就是所有的极点均应位于复平面（s 平面）虚轴的左侧。s 平面稳定区域与不稳定区域如图 3-14 所示。

因此，可以根据求解特征方程式的根来判断系统稳定与否。例如，一阶系统的特征方程式为

$$a_0 s + a_1 = 0$$

特征方程式的根为 $s = -\dfrac{a_0}{a_1}$

显然特征方程式根为负的充分必要条件是 a_0、a_1 均为正值，即

$$a_0 > 0, \ a_1 > 0$$

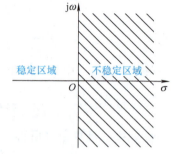

图 3-14　s 平面稳定区域与不稳定区域

二阶系统的特征方程式为

$$a_0 s^2 + a_1 s + a_2 = 0$$

特征方程式为

$$s_{1,2} = -\dfrac{a_1}{2a_0} \pm \sqrt{\left(\dfrac{a_1}{2a_0}\right)^2 - \dfrac{a_2}{a_0}}$$

要使系统稳定，特征方程式的根必须有负实部。因此二阶系统稳定的充分必要条件是

$$a_0 > 0, \ a_1 > 0, \ a_2 > 0$$

由于求解高阶系统特征方程式的根很麻烦，所以对高阶系统一般都采用间接方法来判断其稳定性。经常应用的间接方法是代数稳定判据（也称劳斯稳定判据）、频率法稳定判据（也称奈奎斯特判据）。本项目只介绍劳斯稳定判据，频率法稳定判据将在项目 4 中介绍。

3. 劳斯稳定判据

劳斯于 1895 年提出的稳定性判据能够判定一个多项式方程中是否存在位于 s 右半平面的正根，而不必求解方程。该判据的具体内容和步骤如下。

1）首先列出系统特征方程式

$$a_0 s^n + a_1 s^{n-1} + a_2 s^{n-2} + \cdots + a_{n-1} s + a_n = 0$$

式中，$a_i > 0 (i = 0, 1, 2, \cdots, n-1)$。

2）根据特征方程式列出劳斯表。劳斯判据为表格形式，称为劳斯表，见表 3-3。表中前两行由特征方程的系数直接构成，其他各行的数值按表 3-3 所示逐行计算。

表 3-3　劳斯表

s^n	a_0	a_2	a_4	a_6	$\cdots$
s^{n-1}	a_1	a_3	a_5	a_7	$\cdots$
s^{n-2}	$b_1 = \dfrac{a_1 a_2 - a_0 a_3}{a_1}$	$b_2 = \dfrac{a_1 a_4 - a_0 a_5}{a_1}$	$b_3 = \dfrac{a_1 a_6 - a_0 a_7}{a_1}$	b_4	$\cdots$
s^{n-3}	$c_1 = \dfrac{b_1 a_3 - a_1 b_2}{b_1}$	$c_2 = \dfrac{b_1 a_5 - a_1 b_3}{b_1}$	$c_3 = \dfrac{b_1 a_7 - a_1 b_4}{b_1}$	c_4	$\cdots$
$\vdots$	$\vdots$	$\vdots$	$\vdots$	$\vdots$	$\vdots$
s^0	x_1				

同样的方法，求取表中其余行的系数，一直到 s^0 行完为止。

3）根据劳斯表中第一列各元素的符号，用劳斯判据来判断系统的稳定性。劳斯判据的内容如下：

① 如果劳斯表中第一列的系数均为正值，则其特征方程式的根都在 s 左半平面，相应的系统是稳定的。

② 如果劳斯表中第一列系数的符号发生变化，则系统不稳定，且第一列元素正负号的改变次数等于特征方程式的根在 s 右半平面的个数。

例 3-3 系统的特征方程式为 $s^4 + 2s^3 + 5s^2 + 4s + 2 = 0$，试用劳斯判据判别系统的稳定性。

解：特征方程式各项系数均为正数，列出劳斯表如下：

s^4 1   5   2

s^3 2   4   0

s^2 $(2 \times 5 - 1 \times 4)/2 = 3$ $(2 \times 2 - 1 \times 0)/2 = 2$ 0

s^1 $(3 \times 4 - 2 \times 2)/3 = 8/3$ 0

s^0 2

劳斯表中第一列系数中全部为正数，所以系统稳定。

4. 劳斯稳定判据特殊情况的处理

在劳斯数表的计算过程中，可能出现以下两种特殊情况。

1）某行的第一列项为 0，而其余各项不为 0 或不全为 0。用很小的正数 ε 代替零，然后对新特征方程应用劳斯判据。如果劳斯表第一列中 ε 上下各项的符号相同，则说明系统存在一对虚根，系统处于临界稳定状态；如果 ε 上下各项的符号不同，表明有符号变化，则系统不稳定。

例 3-4 系统特征方程式为 $s^4 + 2s^3 + s^2 + 2s + 3 = 0$，试用劳斯判据判别系统的稳定性。

解：特征方程式各项系数均为正数，劳斯表如下

s^4 1   1   3

s^3 2   2   0

s^2 $0(\varepsilon)$ 3

s^1 $2 - 6/\varepsilon$ 0

s^0 3

由于 ε 是很小的正数，s^1 行第一列元素就是一个绝对值很大的负数。整个劳斯表中第一列元素符号共改变两次，系统有两个位于 s 右半平面的根，所以系统不稳定。

2）某行元素全部为零。利用上一行元素构成辅助方程，对辅助方程求导得到新方程，用新方程的系数代替该行的零元素继续计算。

例 3-5 系统特征方程式为 $s^5 + s^4 + 4s^3 + 4s^2 + 3s + 3 = 0$，使用劳斯判据判别系统的稳定性。

解：该系统劳斯表如下：

s^5 1   4   3

s^4 1   4   3

s^3 0   0

由劳斯表可以看出，s^3 行的各项全部为零。为了求出 s^3 各行的元素，利用 s^4 行的各行元素组成辅助方程式为

$$F(s) = s^4 + 4s^2 + 3$$

辅助方程式 $F(s)$ 对 s 求导数得

$$\frac{dF(s)}{ds} = 4s^3 + 8s$$

用上式中的各项系数作为 s^3 行的系数，并计算余下各行的系数，得劳斯表为

s^5	1	4	3
s^4	1	4	3
s^3	4	8	
s^2	2	3	
s^1	2		
s^0	3		

从劳斯表的第一列可以看出，各行符号没有改变，说明系统没有特征根在 s 右半平面。但由于辅助方程式 $F(s) = s^4 + 4s^2 + 3 = (s^2+1)(s^2+3) = 0$，可解得系统有两对共轭虚根 $s_{1,2} = \pm j$，$s_{3,4} = \pm j\sqrt{3}$，因而系统处于临界稳定状态。

5. 劳斯稳定判据的应用

利用劳斯稳定判据可确定系统个别参数变化对稳定性的影响，以及为使系统稳定，这些参数应取值的范围。

例 3-6 已知某控制系统结构图如图 3-15 所示，试确定使系统稳定的 K 值范围。

解：解题的关键是由系统结构图正确求出系统的特征方程式，然后再用劳斯稳定判据确定使系统稳定的 K 值范围。

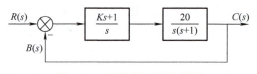

图 3-15 某控制系统结构图

闭环系统的传递函数为

$$G(s) = \frac{20Ks + 20}{s^3 + s^2 + 20Ks + 20}$$

其闭环特征方程式为

$$s^3 + s^2 + 20Ks + 20 = 0$$

列劳斯表为

s^3	1	$20K$	0
s^2	1	20	
s^1	$20(K-1)$		
s^0	20		

为使系统稳定，必须使劳斯表中第一列系数全大于零，即 $K > 1$。

3.2.6 控制系统的稳态性能分析

控制系统的稳态误差是系统控制准确度（控制精度）的一种度量，通常称为稳态性能。在控制系统设计中，稳态误差是一项重要的技术指标。一个实际的控制系统由于其系统结构、输入作用的类型（控制量或扰动量）、输入函数的形式（阶跃、斜坡或加速度）不同，

控制系统的稳态输出不可能在任何情况下都与输入量一致或相当，也不可能在任何形式的扰动作用下都能准确地恢复到原平衡位置。此外，控制系统中不可避免地存在摩擦、间隙等非线性因素，都会造成附加的稳态误差。可以说，控制系统的稳态误差是不可避免的，控制系统设计的任务之一，是尽量减小系统的稳态误差，或者使稳态误差小于某一允许值。

为了分析方便，把系统的稳态误差按输入信号形式的不同分为扰动作用下的稳态误差和给定作用下的稳态误差。对于恒值系统，由于给定量是不变的，常用扰动作用下的稳态误差来衡量系统的稳态品质；而对随动系统，给定量是变化的，要求输出量以一定的精度跟随给定量的变化，因此给定稳态误差成为恒量随动系统稳态品质的指标。稳态误差可以衡量某种特定类型信号输入系统后的稳态精度。本部分将讨论计算和减少稳态误差的方法。

1. 稳态误差的定义

设控制系统的结构图如图 3-16 所示。

定义误差的方法有两种。一种是由系统的输出端定义，系统输出量的希望值与实际值之差为误差。

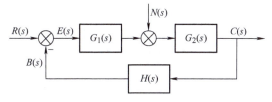

图 3-16 控制系统的结构图

$$e'(t) = c_r(t) - c(t)$$

其拉普拉斯变换为

$$E'(s) = C_r(s) - C(s) = \frac{R(s)}{H(s)} - C(s) \tag{3-2}$$

式中，$c_r(t)$ 为系统输出量的希望值；$c(t)$ 为系统输出量的实际值。

这种方法定义的误差比较接近误差的理论意义，但是在实际系统中有时无法测量，因而只有数学上的意义。

另一种按系统的输入端定义，即把偏差（给定信号与反馈信号之差）定义为误差，即

$$e(t) = r(t) - b(t)$$

其拉普拉斯变换为

$$E(s) = R(s) - B(s) = R(s) - H(s)C(s) \tag{3-3}$$

这种方法定义的误差，其理论含义不十分明显，但这个误差在实际系统是可以测量的。

对比式(3-2) 及式(3-3)，可看出这两种定义有如下的简单关系：

$$E'(s) = \frac{E(s)}{H(s)}$$

对于单位负反馈系统，两种定义方法是一致的。在系统分析和设计中，一般按输入端定义误差。本书也采用从系统输入端定义的误差。

稳态误差是指误差信号的稳态值，即当时间 $t \to \infty$ 时，误差 $e(t)$ 的值，用 e_{ss} 表示，即：$e_{ss} = \lim\limits_{t \to \infty} e(t)$。

根据终值定理可得，$e_{ss} = \lim\limits_{t \to \infty} e(t) = \lim\limits_{s \to 0} sE(s)$。

(1) $r(t)$ 作用下闭环系统的给定稳态误差 e_{ssr}　令 $n(t) = 0$，则可由图 3-16 求得

$$E(s) = R(s) - B(s) = R(s) - H(s)C(s) = R(s) - H(s)\frac{G_1(s)G_2(s)}{1 + G_1(s)G_2(s)H(s)}R(s)$$

$$= \frac{R(s)}{1 + G_1(s)G_2(s)H(s)}$$

也可通过将图 3-16 变形为如图 3-17 所示结构图求取 $E(s)$，先求取给定误差传递函数 $G_e(s)$。

$$G_e(s) = \frac{E(s)}{R(s)} = \frac{1}{1+G_1(s)G_2(s)H(s)}$$

进而可求取同样的 $E(s)$。又系统的开环传递函数为

$$G_k(s) = G_1(s)G_2(s)H(s)$$

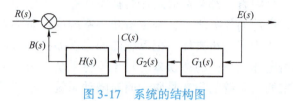

图 3-17　系统的结构图

所以给定稳态误差为

$$e_{ssr} = \lim_{s \to 0} sE(s) = \lim_{s \to 0}\frac{sR(s)}{1+G_1(s)G_2(s)H(s)} = \lim_{s \to 0}\frac{sR(s)}{1+G_k(s)}$$

（2）$n(t)$ 作用下闭环系统的扰动稳态误差 e_{ssn}。取 $r(t)=0$，可通过将图 3-16 变形为如图 3-18 所示结构图，求取给定误差传递函数 $G_{en}(s)$。

$$G_{en}(s) = \frac{E(s)}{N(s)} = -\frac{G_2(s)H(s)}{1+G_1(s)G_2(s)H(s)}$$

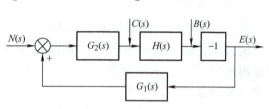

图 3-18　系统的结构图

所以扰动稳态误差为

$$e_{ssn} = \lim_{s \to 0} sE(s) = \lim_{s \to 0} -\frac{sG_2(s)H(s)N(s)}{1+G_1(s)G_2(s)H(s)}$$

（3）系统的总稳态误差　根据叠加原理，系统的总稳态误差为

$$e_{ss} = e_{ssr} + e_{ssn} = \lim_{s \to 0} s\left[\frac{1}{1+G_1(s)G_2(s)H(s)}\right]R(s) + \lim_{s \to 0} s\left[\frac{-G_2(s)H(s)}{1+G_1(s)G_2(s)H(s)}\right]N(s)$$

$$= \lim_{s \to 0} s\left[\frac{R(s)-G_2(s)H(s)N(s)}{1+G_k(s)}\right]$$

由给定稳态误差表达式可知，系统的开环传递函数 $G_k(s)$、输入信号 $R(s)$ 和扰动 $N(s)$ 等决定稳态误差的大小。即系统的结构和参数的不同，输入信号的形式和大小的差异，扰动信号的形式和大小的差异，都会引起系统稳态误差的变化。下面讨论这些因素对稳态误差的影响。

2. 系统型别

对于一个给定的稳定系统，当输入信号形式一定时，系统是否存在稳态误差就取决于开环传递函数描述的系统结构。在一般情况下，分子阶次为 m，分母阶次为 n 的开环传递函数可表示为

$$G_k = \frac{K(\tau_1 s+1)\cdots(\tau_m s+1)}{s^\nu(T_1 s+1)\cdots(T_{n-\nu}s+1)}$$

式中，K 为开环增益或开环放大系数，$K = \lim_{s \to 0} s^\nu G_k(s)$；$\tau_i$ 和 T_j 为时间常数；ν 为开环传递函数中积分环节的个数，称为系统型别。当 $s \to 0$ 时，积分环节在确定控制系统稳态误差方面起主导作用，因此，控制系统可以按其开环传递函数中积分环节的个数来分类。$\nu=0$，即不含积分环节时，称为 0 型系统；$\nu=1$，即含一个积分环节时，称为 Ⅰ 型系统；$\nu=2$，即含两个积分环节时，称为 Ⅱ 型系统。当 $\nu>2$ 时，系统稳定是相当困难的，这种系统在控制工程中一般不会碰到。

3. 给定作用下的稳态误差

控制系统的稳态性能一般是以阶跃、斜坡和抛物线信号作用在系统上而产生的稳态误差来表征。下面分别讨论这三种不同输入信号作用于不同类型的系统时产生的稳态误差。

(1) 阶跃输入下的 e_{ssr} 与静态位置误差系数 K_P 由 $r(t) = A \cdot 1(t) \Rightarrow R(s) = \dfrac{A}{s}$，可知

$$e_{\text{ssr}} = \lim_{s \to 0} sE(s) = \lim_{s \to 0} \frac{s}{1 + G_k} \cdot \frac{A}{s} = \frac{A}{1 + \lim_{s \to 0} G_k(s)}$$

令 $K_P = \lim\limits_{s \to 0} G_k(s)$，称 K_P 为位置误差系数，则对不同类型的系统有

$$K_P = \lim_{s \to 0} G_k(s) = \lim_{s \to 0} \frac{K}{s^v} = \begin{cases} K & v = 0 \\ \infty & v = 1 \\ \infty & v = 2 \end{cases}$$

则此时所求的稳态误差为

$$e_{\text{ssr}} = \frac{A}{1 + K_P} = \begin{cases} \dfrac{A}{1 + K} & v = 0 \\ 0 & v = 1 \\ 0 & v = 2 \end{cases}$$

由此可知，0 型系统对阶跃输入信号的响应存在误差，增大开环放大倍数 K，可减小系统的稳态误差 e_{ssr}。若要求系统对阶跃输入下的 $e_{\text{ssr}} = 0$，则系统须为 I 型或 I 型以上，即 $G_k(s)$ 中至少应设置一个积分环节。

(2) 斜坡输入下的 e_{ssr} 与静态速度误差系数 K_V 由 $r(t) = B \cdot t \Rightarrow R(s) = \dfrac{B}{s^2}$，可知

$$e_{\text{ssr}} = \lim_{s \to 0} \frac{s}{1 + G_k} \cdot \frac{B}{s^2} = \lim_{s \to 0} \frac{B}{s + sG_k} = \frac{B}{\lim\limits_{s \to 0} sG_k(s)}$$

令 $K_V = \lim\limits_{s \to 0} sG_k(s)$，称 K_V 为静态速度误差系数，则对不同类型的系统有

$$K_V = \lim_{s \to 0} sG_k(s) = \lim_{s \to 0} \frac{K}{s^v} = \begin{cases} 0 & v = 0 \\ K & v = 1 \\ \infty & v = 2 \end{cases}$$

则此时所求的稳态误差为

$$e_{\text{ssr}} = \frac{B}{K_V} = \begin{cases} \infty & v = 0 \\ \dfrac{B}{K} & v = 1 \\ 0 & v = 2 \end{cases}$$

由此可知，0 型系统不能正常跟踪斜坡输入信号；I 型系统可以跟踪斜坡输入信号，但是存在稳态误差，增大开环放大倍数 K，可减小系统的稳态误差 e_{ssr}；若要使系统对斜坡信号的 $e_{\text{ssr}} = 0$，则系统须为 II 型或 II 型以上，即 $G_k(s)$ 中至少要有两个积分环节。

(3) 抛物线输入下的 e_{ssr} 与静态加速度误差系数 K_a 由 $r(t) = \dfrac{1}{2} Ct^2 \Rightarrow R(s) = \dfrac{C}{s^3}$，可知

$$e_{\text{ssr}} = \lim_{s \to 0} \frac{s}{1 + G_k} \cdot \frac{C}{s^3} = \lim_{s \to 0} \frac{C}{s^2 + s^2 G_k(s)} = \frac{C}{\lim\limits_{s \to 0} s^2 G_k(s)}$$

令 $K_a = \lim_{s \to 0} s^2 G_k(s)$,称 K_a 为静态加速度误差系数,则对不同类型的系统有

$$K_a = \lim_{s \to 0} s^2 G_k(s) = \lim_{s \to 0} s^2 \frac{K}{s^v} = \begin{cases} 0 & v=0 \\ 0 & v=1 \\ K & v=2 \end{cases}$$

则此时所求的稳态误差为

$$e_{\text{ssr}} = \frac{C}{K_a} = \begin{cases} \infty & v=0 \\ \infty & v=1 \\ \dfrac{C}{K} & v=2 \end{cases}$$

由此可知,0型、Ⅰ型系统不能正常跟踪加速度输入信号;Ⅱ型系统可以跟踪,但是存在稳态误差,增大开环放大倍数 K,可减小系统的稳态误差 e_{ssr};若要使系统对加速度信号的 $e_{\text{ssr}} = 0$,则系统须为Ⅱ型以上,即 $G_k(s)$ 中至少要有三个积分环节。

(4)输入信号为阶跃、斜坡、抛物线叠加 如 $r(t) = A \cdot 1(t) + Bt + \frac{1}{2}Ct^2$,由叠加原理得

$$e_{\text{ssr}} = \frac{A}{1+K_P} + \frac{B}{K_V} + \frac{C}{K_a}$$

$$e_{\text{ssr}} = \begin{cases} \dfrac{A}{1+K_P} + \infty + \infty = \infty & v=0 \\ 0 + \dfrac{B}{K_V} + \infty = \infty & v=1 \\ 0 + 0 + \dfrac{C}{K_a} = \dfrac{C}{K_a} & v=2 \end{cases}$$

可见,0型、Ⅰ型系统 $e_{\text{ssr}} = \infty$,采用Ⅱ型系统存在稳态误差,若使 $e_{\text{ssr}} = 0$,则系统须为Ⅱ型以上。

误差系数与系统型别一样,从系统本身的结构特性上体现了系统消除稳态误差的能力,反映了系统跟踪典型输入信号的精度。表3-4列出了系统型别、静态误差系数和不同参考输入下的稳态误差之间的关系。

表3-4 典型输入信号作用下的稳态误差

系统型别	静态误差系数			阶跃输入 $r(t) = A \cdot 1(t)$ 稳态误差 $e_{\text{ssr}} = \dfrac{A}{1+K_P}$	斜坡输入 $r(t) = Bt$ 稳态误差 $e_{\text{ssr}} = \dfrac{B}{K_V}$	加速度输入 $r(t) = \dfrac{1}{2}Ct^2$ 稳态误差 $e_{\text{ssr}} = \dfrac{C}{K_a}$
	K_P	K_V	K_a			
0型	K	0	0	$\dfrac{A}{1+K}$	∞	∞
Ⅰ型	∞	K	0	0	$\dfrac{B}{K}$	∞
Ⅱ型	∞	∞	K	0	0	$\dfrac{C}{K}$

总之，参考输入作用下系统稳态误差随系统结构、参数及输入形式的变化而变化。即在输入一定时，增大开环增益 K，可以减小稳态误差；增加开环传递函数中的积分环节数，可以消除稳态误差。

例 3-7 对于图 3-16 所示系统，若 $G_1(s) = K_1$，$G_2(s) = K_2/s$，试求当 $r(t) = t$，$n(t) = t$ 时系统的稳态误差。

解：系统的开环传递函数为

$$G_k(s) = \frac{K_1 K_2}{s}$$

为 I 型一阶系统，参数 K_1、K_2 都大于零，因此系统必稳定。

当 $r(t) = t$，$R(s) = 1/s^2$ 时，系统的稳态误差为

$$e_{ssr} = \lim_{s \to 0} \frac{sR(s)}{1 + G_k(s)} = \frac{1}{K_1 K_2}$$

在扰动信号 $n(t) = t$，$N(s) = 1/s^2$ 作用下的稳态误差为

$$e_{ssn} = \lim_{s \to 0} sE(s) = \lim_{s \to 0} -\frac{sG_2(s)H(s)N(s)}{1 + G_1(s)G_2(s)H(s)} = -\frac{1}{K_1}$$

系统总的稳态误差为

$$e_{ss} = e_{ssr} + e_{ssn} = \frac{1}{K_1 K_2} - \frac{1}{K_1}$$

例 3-8 已知单位负反馈控制系统的开环传递函数如下：

$$G_k(s) = \frac{10(s + a)}{s^2(s + 1)(s + 5)} \quad (a = 0.5)$$

试求：(1) 静态位置误差系数 K_P、静态速度误差系数 K_V 和静态加速度误差系数 K_a。

(2) 求当输入信号为 $r(t) = 1(t) + 2t + 2t^2$ 时系统的稳态误差。

解：首先判断系统的稳定性。

系统的闭环传递函数为

$$G(s) = \frac{G_k(s)}{1 + G_k(s)} = \frac{10(s + 0.5)}{s^4 + 6s^3 + 5s^2 + 10s + 5}$$

其系统的闭环特征方程为 $s^4 + 6s^3 + 5s^2 + 10s + 5 = 0$。由劳斯判据可知，系统是稳定的。可判断出系统为 II 型系统，可以求得静态误差为

$$K_P = \lim_{s \to 0} G_k(s) = \lim_{s \to 0} \frac{10(s + 0.5)}{s^2(s + 1)(s + 5)} = \infty$$

$$K_V = \lim_{s \to 0} sG_k(s) = \lim_{s \to 0} s \frac{10(s + 0.5)}{s^2(s + 1)(s + 5)} = \infty$$

$$K_a = \lim_{s \to 0} s^2 G_k(s) = \lim_{s \to 0} s^2 \cdot \frac{10(s + 0.5)}{s^2(s + 1)(s + 5)} = 1$$

由于输入信号是由阶跃、斜坡、加速度信号组成的复合信号，根据叠加原理，系统的总误差将是各个信号单独作用下的误差之和。因此，所求稳态误差为

$$e_{ss} = \frac{1}{1 + K_P} + \frac{2}{K_V} + \frac{4}{K_a} = 4$$

应当注意，该例中若取 $a = 1$，则由劳斯判据可知系统是不稳定的。系统不稳定时，求稳态误差没有意义。

3.3 时域分析扩展知识

本项目扩展知识主要探讨减小或消除稳态误差的措施。系统总的稳态误差包括输入作用下的稳态误差和扰动作用下的稳态误差两部分。要减小或消除稳态误差，应从分别减小或消除这两部分稳态误差入手。保证系统中各个环节（或元件），特别是反馈回路中元件的参数具有一定的精度和恒定性，但一般情况还要采取以下措施。

1. 增大系统开环放大系数或扰动作用点之前系统的前向通道放大系数

在输入信号作用下的稳态误差与系统开环放大系统成反比，增大系统开环放大系数，有利于减小在输入信号作用下的稳态误差；扰动信号作用下的稳态误差与扰动作用点之前系统的前向通道放大系数成反比，增大该放大系数，有利于减小扰动信号作用下的稳态误差。**应当注意**，在大多数情况下，对于高阶系统，系统开环放大系数的增加有可能使系统不稳定。

增大系统开环放大系数是降低稳态误差的一种简单而有效的方法，但增加开环放大系数的同时会使系统的稳定性降低。为了解决这个问题，在增加开环放大系数的同时附加校正装置，以确保系统的稳定性。

2. 在系统前向通道或主反馈通道中设置串联积分环节

在系统前向通道中设置串联积分环节，提高了系统型别，有利于减小或消除输入信号作用下的稳态误差。为了减小或消除扰动作用下的稳态误差，串联积分环节的位置应加在扰动作用点之前的前向通道或反馈通道中。**应当注意**，在系统前向通道或主反馈通道中设置串联积分环节，有可能使系统不稳定。

3. 采用复合控制

为了进一步减小给定和扰动稳态误差，可采用补偿方法。所谓补偿指作用于控制对象的控制信号中，除了偏差信号外，还引入与扰动或给定量有关的补偿信号，以提高系统的控制精度，减小误差。这种控制称为复合控制。采用复合控制，也可以减小或消除稳态误差，详细内容在项目 5 中进行介绍。

3.4 MATLAB 时域分析

3.4.1 MATLAB 分析线性系统稳定性

由前面学习的内容可知，线性系统稳定的充要条件是系统的特征根均位于 s 左半平面。MATLAB 语言中提供了有关多项式的操作函数，也可以用于系统的分析和计算。

1. 直接求特征多项式的根

设 p 为特征多项式的系数向量，则 MATLAB 函数 roots( ) 可以直接求出方程 p = 0 在复数范围内的解 x，该函数的调用格式为

$$x = \text{roots}(p)$$

下面讨论例 3-3 的特征方程式 $s^4 + 2s^3 + 5s^2 + 4s + 2 = 0$。特征方程的解可由下面的 MAT-

LAB 命令得出。

```
>> p = [1,2,5,4,2];
   x = roots(p)
```

命令窗口结果显示为

```
x =
    -0.5000 + 1.7788i
    -0.5000 - 1.7788i
    -0.5000 + 0.5795i
    -0.5000 - 0.5795i
```

可见，此系统特征方程的根都在 s 左半平面，系统稳定，与用劳斯稳定判据得出的结论相同。利用多项式求根函数 roots( )，可以很方便地求出系统的零点和极点，然后根据零、极点分析系统稳定性和其他性能。

2. 零极点分布图

在 MATLAB 中，可利用 pzmap( ) 函数绘制连续系统的零、极点（系统特征方程的根）图，从而分析系统的稳定性，该函数调用格式为

```
pzmap(num,den)
```

设某系统的传递函数为

$$G(s) = \frac{2s^2 + 4s + 5}{s^4 + 7s^3 + 2s^2 + 6s + 6}$$

利用下列命令可自动打开一个图形窗口，显示该系统的零、极点分布图，如图 3-19 所示。

```
>> num = [2, 4, 5];
   den = [1, 7, 2, 6, 6];
   pzmap(num, den)
```

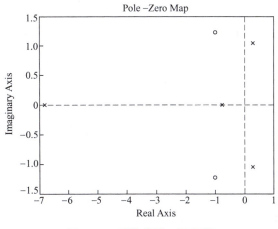

图 3-19　系统的零、极点图

pzmap( ) 函数默认情况下，极点用"×"来表示，零点用"○"来表示。由图 3-19 可以看出，系统有极点位于 s 右半平面的部分，所以系统不稳定。读者也可以应用求根函数 roots( ) 求出系统的根，与零、极点分布图比较，看结果是否一致。

3.4.2　MATLAB 分析动态性能

1. 时域分析函数

建立好系统的数学模型以后，控制系统最常用的时域分析方法是，当输入信号为单位阶跃和单位脉冲函数时，求出系统的输出响应，即单位阶跃响应和单位脉冲响应。在 MATLAB 中，提供了求取连续系统的单位阶跃响应函数 step( )、单位脉冲响应函数 impulse( )、零输入响应函数 initial( ) 及任意输入下的仿真函数 lsim( )。其具体使用方法如下。

（1）step( ) 函数　step( ) 函数用于直接求取线性系统的单位阶跃响应，如果已知传递函数为

$$G(s) = \frac{\text{num}}{\text{den}}$$

则该函数可有以下几种调用格式：

```
step(num, den)
step(num, den, t)
```

该函数将绘制出系统在单位阶跃输入条件下的动态响应图，同时给出稳态值。t 为图像显示的时间长度，是用户指定的时间向量，无 t 时由系统根据输出曲线的形状自行设定。

设某系统的传递函数为

$$G(s) = \frac{10}{s^2 + 2s + 20} \tag{3-4}$$

利用下列命令可自动打开一个图形窗口，显示该系统的单位阶跃响应曲线，如图 3-20 所示。

```
>> num = [10];
   den = [1, 2, 20];
   step(num, den)
```

（2）impulse( ) 函数　impulse( ) 函数用于直接求取线性系统的单位脉冲响应，该函数可有以下几种调用格式：

```
impulse(num, den)
impulse(num, den, t)
```

式（3-4）所示的传递函数，利用下列命令可自动打开一个图形窗口，显示该系统的单位脉冲响应曲线，如图 3-21 所示。

```
>> num = [10];
   den = [1, 2, 20];
   impulse(num, den)
```

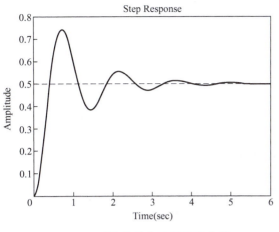

图 3-20 系统的单位阶跃响应曲线

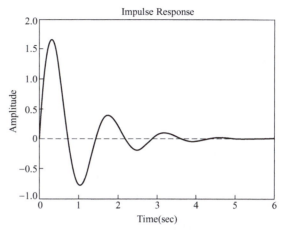

图 3-21 系统的单位脉冲响应曲线

（3）lsim( ) 函数 lsim( ) 函数可对任意输入的连续系统进行仿真，该函数调用格式为

$$\text{lsim}(num,den,u,t)$$

其中，u 为输入信号。如计算斜坡响应，可以输入如下命令：

```
>> ramp = t;
   lsim(num,den,rmp,t)
```

2. 求阶跃响应的性能指标

（1）响应曲线上移动鼠标方式 响应曲线显示后，用鼠标左键单击时域响应图线任意一点，此点显示为"■"，同时系统会自动跳出一个小方框，小方框显示了这一点的横坐标（时间）和纵坐标（幅值）。按住鼠标左键在曲线上移动，可以找到曲线幅值最大的一点，即曲线最大峰值，此时小方框中显示的时间就是此系统的峰值时间，根据观察到的稳态值和峰值可以计算出系统的超调量。系统的上升时间和稳态响应时间可以依此类推。这种方法简单易用，但同时应注意它不适合用于用 plot( ) 命令画出的图形。以式(3-4)所示的传递函数的阶跃响应曲线为例，通过移动鼠标求性能指标，如图 3-22 所示。

（2）编程方式 编程方式稍微复杂，读者应了解甚至尽可能地掌握一定的编程技巧，能够将控制原理知识和编程方式相结合，自己编写一些程序，获取一些较为复杂的性能指标。

通过前面的学习，我们已经可以用阶跃响应函数 step( ) 获得系统输出量，若将输出量返回到变量 y 中，可以调用如下格式：

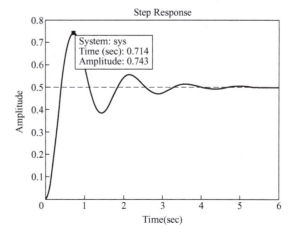

图 3-22 移动鼠标求系统性能指标

$$[y,t] = \text{step}(num, den)$$

该函数还同时返回了自动生成的时间变量 t，对返回的这一对变量 y 和 t 的值进行计算，可以得到时域性能指标。

1）峰值时间（Peak Time）可由以下命令获得：

$$[Y,k] = \max(y);$$
$$\text{PeakTime} = t(k)$$

应用取最大值函数 max( ) 求出 y 的峰值及相应的时间，并存于变量 Y 和 k 中，然后在变量 t 中取出峰值时间，并将它赋给变量 PeakTime。

2）最大超调量（Maximum Overshoot）可由以下命令得到：

$$C = \text{dcgain}(G);$$
$$[Y,k] = \max(y);$$
$$\text{MaximumOvershoot} = 100 * (Y - C)/C$$

dcgain( ) 函数用于求取系统的终值，将终值赋给变量 C，然后依据最大超调量的定义，由 Y 和 C 计算出百分比最大超调量。

3）上升时间（Rise Time）可利用 MATLAB 中控制语句编制 M 文件来获得。首先简单介绍一下循环语句 while 的使用。

while 循环语句的一般格式为

```
while <循环判断语句>
    循环体
end
```

其中，循环判断语句为某种形式的逻辑判断表达式。

当表达式的逻辑值为真时，就执行循环体内的语句；当表达式的逻辑值为假时，就退出当前的循环体。

要求出上升时间，可以用 while 语句编写以下程序实现：

```
C = dcgain(G);
n = 1;
while y(n) < C
    n = n + 1;
end
RiseTime = t(n)
```

在阶跃输入条件下，y 的值由零逐渐增大，当以上循环满足 y = C 时，退出循环，此时对应的时刻即为上升时间。

对于输出无超调的系统响应，上升时间定义为输出从稳态值的 10% 上升到 90% 所需时间，则计算程序如下：

```
C = dcgain(G);
n = 1;
  while y(n) < 0.1 * C
      n = n + 1;
  end
m = 1;
  while y(n) < 0.9 * C
      m = m + 1;
  end
RiseTime = t(m) - t(n)
```

4）调节时间（Settling Time）可由 while 语句编程得到：

```
C = dcgain(G);
i = length(t);
  while(y(i) > 0.98 * C)&(y(i) < 1.02 * C)
      i = i - 1;
  end
SettlingTime = t(i)
```

用向量长度函数 length( ) 可求得 t 序列的长度，将其设定为变量 i 的上限值。

为更清楚地说明其编程方法，对式(3-4) 所示的传递函数，利用下面的程序求得到阶跃响应及性能指标数据。

```
>> num = [10];
   den = [1, 2, 20];
G = tf(num, den);
% 计算最大峰值时间和它对应的超调量
   C = dcgain(G)
   [y,t] = step(G);
plot(t,y)
grid
[Y,k] = max(y);
PeakTime = t(k)
MaximumOvershoot = 100 * (Y - C)/C
% 计算上升时间
n = 1;
while y(n) < C
    n = n + 1;
end
RiseTime = t(n)
```

```
% 计算调节时间
i = length(t);
    while(y(i) > 0.98 * C) & (y(i) < 1.02 * C)    i = i - 1;
    end
SettlingTime = t(i)
```

运行后的响应图如图 3-20 所示，命令窗口中显示的结果为

C = 0.5000   PeakTime = 0.7182
MaximumOvershoot = 48.6366   RiseTime = 0.4489
SettlingTime = 3.7708

有兴趣的读者可对比通过移动鼠标求得的此二阶系统的各项性能指标，会发现它们是一致的。

3.4.3 MATLAB 计算稳态误差

应用前面的知识，可以很容易地得出图 3-23 所示的线性系统的给定稳态误差。

$$e_{ss} = \lim_{t \to \infty} e(t) = \lim_{s \to 0} sE(s) = \lim_{s \to 0} s[R(s) - C(s)] = \lim_{s \to 0} sR(s)[1 - G(s)]$$

式中，$G(s)$ 为系统的闭环传递函数。

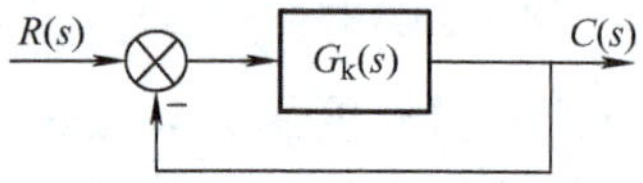

在 MATLAB 中，利用函数 dcgain( ) 可求取系统给定稳态误差，该函数的调用格式为

图 3-23 系统框图

ess = dcgain(num,den) 或 dcgain(G)

式中，ess 为所求系统的给定稳态误差。

以例 3-8 所示的系统为例，说明利用 MATLAB 求取给定稳态误差的方式，利用下面的程序可得到系统的给定稳态误差。

```
>> num1 = [10 5];
    den1 = [conv(conv([1 0 0],[1 1]),[1 5])];
% conv( ) 函数用来计算多项式乘积
Gk = tf(num1,den1);
Gs = feedback(Gk,1,-1);
% 计算 s[1 - G(s)]
Gs1 = tf(Gs.den{1} - Gs.num{1}, Gs.den{1});
% Gs.num{1}, Gs.den{1}分别表示 Gs 对象的分子、分母部分
num2 = [1 0];
den2 = 1;
G2 = tf(num2,den2);
G = Gs1 * G2;
```

下面计算 $r(t) = 3.1(t) + 2t + 2t^2$ 的给定稳态误差，此时 $R(s) = \frac{3}{s} + \frac{2}{s^2} + \frac{4}{s^3} = \frac{3s^2 + 2s + 4}{s^3}$。

```
num3 = [3 2 4];
den3 = [1 0 0 0];
R = tf(num3,den3);
ess = dcgain(G * R)
```

命令窗口中显示的结果为：

ess = 4

可见与前文计算结果相同。

3.4.4　Simulink 仿真

MATLAB 仿真软件可实现对各种典型环节阶跃、斜坡信号的输入，用仿真示波器可观测各种典型环节的阶跃、斜坡响应曲线。

以例 3-1 所示的一阶环节为例，按项目 2 所讲步骤，启动 Simulink 并打开一个空白的模型编辑窗口。画出所需模块，并给出正确的参数。

1）在"Sources"子模块库中选中"Step"（阶跃输入）图标，将其拖入编辑窗口，并用鼠标左键双击该图标，打开参数设定的对话框，将参数"Step Time"（阶跃时刻）设为 0。

2）在"Continuous"（连续）子模块库中选"Transfer Fcn"（传递函数）图标，将其拖到编辑窗口中，并将传递函数"Denominator"（分母）改为〔2，1〕。

3）在"Sinks"（输出）子模块库中选择"Scope"（示波器）图标并将其拖到编辑窗口中。

用同样的方法可以操作其他模块：如"Mux"模块（在"Signal Routing"中），"Gain"和"Sum"模块（在"Math Operations"中），"PID 组合"模块（在"Simulink Extras"下的"Additional Linear"中），正弦波信号模块（在"Source"中）。

模块连接好后如图 3-24 所示，此时就可以进行仿真了。在编辑窗口中单击"Simulation"→"Configuration Parameters"菜单，会出现一个参数对话框，即可修改仿真时间。最后单击"Simulation"→"Start"菜单（或单击工具栏中的 ▶ 图标），计算机开始仿真。双击示波器，在弹出的图形上会"实时地"显示出仿真结果，如图 3-25 所示。

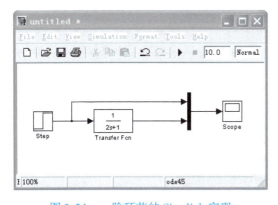

图 3-24　一阶环节的 Simulink 实现

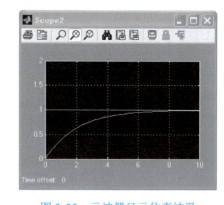

图 3-25　示波器显示仿真结果

从图 3-25 可观察到输出的两条线，其中直线为单位阶跃信号，单调上升曲线为一阶环节在单位阶跃信号输入下的响应曲线，从图中可看出调节时间约为 6s，与例 3-1 计算结果相同。将图中的输入信号模块 Step 模块更换为 Ramp 模块即可观察斜坡响应曲线。

3.5 自动控制系统时域分析技能训练

3.5.1 训练任务

参考题目

为加深学生对本项目所学知识的理解，培养学生进行简单时域分析的能力，本项目训练任务采用直流电动机转速自动控制系统（见图 3-26），以及改进后的直流电动机转速自动控制系统（见图 3-27）。图中，K、K_1 为放大系数；T_m 为时间常数；K_t 为测速反馈系数；K_2 为常数。系统受到常值扰动力矩 $n(t) = -A \cdot 1(t)$ 作用，A 为常数。

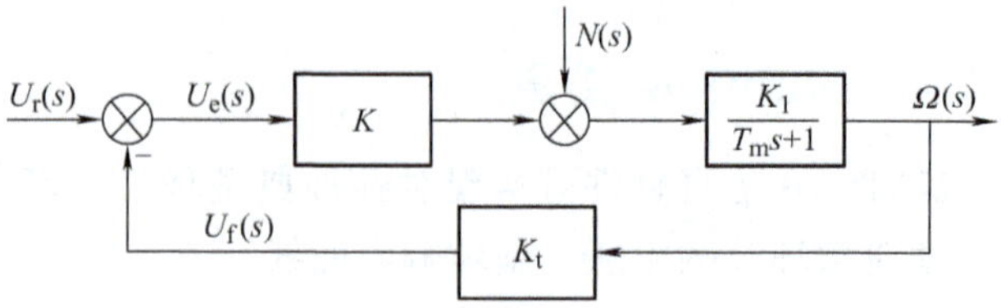

图 3-26 调速结构图

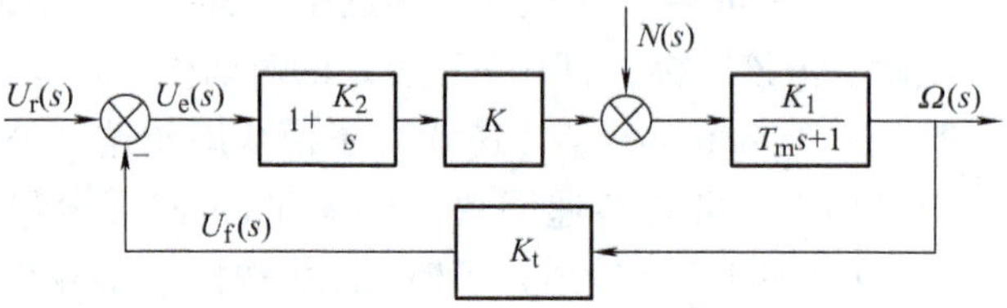

图 3-27 改进调速结构图

任务

1）求出两个系统的动态性能指标，比较结果，并说明原因。

2）两个系统在扰动力矩作用下所引起的稳态误差，讨论 K 对图 3-26 所示系统的影响。

3）求出两个系统在扰动力矩作用下的稳态误差，比较结果，并说明原因。

3.5.2 训练内容

本项目训练内容可参考表 3-5。具体任务可以是图 3-26 和图 3-27 所示的电动机调速系统，也可以是自选的控制系统，具体要求可由指导教师说明。

表 3-5 自动控制系统时域分析报告书

题目名称		
学习主题	自动控制系统的时域分析能力	
重点难点	重点：二阶系统动态性能计算、劳斯稳定判据的应用以及稳态误差求取 难点：扰动作用下减小或消除稳态误差的方法	
训练目标	主要知识能力指标	（1）通过学习，主要掌握单位阶跃响应的超调量、调节时间、稳态误差的概念及求解方法 （2）能应用公式和结构图对稳态误差进行分析 （3）能应用劳斯稳定判据判定系统的稳定性
	相关能力指标	（1）提高解决实际问题的能力，具有一定的专业技术理论 （2）养成独立工作的习惯，能够正确制订工作计划 （3）培养学生良好的职业素质及团队协作精神

（续）

参考资料学习资源	教材、图书馆相关教材、课程相关网站、互联网检索等			
学生准备	教材、笔、笔记本、练习纸			
教师准备	熟悉教学标准，演示实验，讲授内容，设计教学过程，教材、记分册			
工作步骤	（1）明确任务	教师提出任务	（若用给出的参考题目，为方便计算教师可给出系统的参数值）	
	（2）分析过程（学生借助于资料、材料和教师提出的引导问题，自己做一个工作计划，并拟定出检查、评价工作成果的标准要求）	系统的阶数		
		系统的类型		
		系统的动态性能指标		
		系统的稳定性		
		系统的稳态误差		
		系统的各指标如何改善		
		MATLAB求系统的动态性能指标、判断系统的稳定性，即扰动作用下的稳态误差		
		Simulink求扰动作用下的稳态误差		
		结论（比较两种情况）		
	（3）自己检查 在整个过程中学生依据拟定的评价标准，检查是否符合要求地完成了工作任务			
	（4）小组、教师评价 完成小组评价，教师参与，与教师进行专业对话，教师评价学生的工作情况，给出建议			

3.5.3 考核评价

本任务在掌握好例题与课后习题的基础上，也比较容易完成，可通过学生自评、小组互评和教师评价后以检验本任务的完成情况，评价方式可参考表3-6。

表3-6 教学检查与考核评价表

	检查项目	检查结果及改进措施	应得分	实得分（自评）	实得分（小组）	实得分（教师）
检查	练习结果正确性		20			
	知识点的掌握情况（应侧重二阶系统的动态性能指标、稳定性判断、稳态误差的求取，适当考虑其性能的改进措施）		40			
	能力控制点检查		20			
	课外任务完成情况		20			
	综合评价		100			

项目总结

本项目主要采用时域分析法分析系统的动态性能和稳态性能，其主要内容有：

- 时域分析法是通过直接求解系统在典型输入信号作用下的时域响应，来分析控制系统的稳定性、动态性能和稳态性能。对稳定系统，在工程上常用单位阶跃响应的超调量、调节时间和稳态误差等性能指标来评价控制系统性能的优劣。

- 由于传递函数和微分方程之间具有确定的关系，故常利用传递函数进行时域分析。例如由闭环传递函数的极点决定系统的稳定性，由阻尼比确定超调量以及由开环传递函数中积分环节的个数和放大系数确定稳态误差等。此时无须直接求解微分方程，使系统分析工作大为简化。

- 工程上许多自动控制系统的动态特性往往近似于一阶或二阶系统。因此，一、二阶系统的理论分析结果，常是高阶系统分析的基础。二阶系统在欠阻尼的响应虽有振荡，但只要阻尼比 ζ 取值适当（如 $\zeta=0.7$ 左右），则系统既有响应的快速性，又有过渡过程的平稳性，因而在控制工程中常把二阶系统设计为欠阻尼。

- 稳定性是系统正常工作的首要条件。线性系统的稳定性是系统的一种固有特性，完全由系统的结构和参数所决定。判别稳定性的代数方法是劳斯稳定判据。稳定性判据只回答特征方程式的根在 s 平面上的分布情况，而不能确定根的具体数值。

- 稳态误差是系统很重要的性能指标，它标志着系统最终可能达到的精度。稳态误差既和系统的结构、参数有关，又和外作用的形式及大小有关。系统类型和误差系数既是恒量稳态误差的一种标志，同时也是计算稳态误差的简便方法。系统型别越高，误差系数越大，系统稳态误差越小。在工程实际中常用Ⅰ型系统。

● 稳态精度与动态性能在对系统的类型和开环增益的要求上是相矛盾的。解决这一矛盾的方法，除了在系统中设置校正装置外，还可用前馈补偿的方法来提高系统的稳态精度。

 本项目所介绍的内容结构可用图3-28表示。

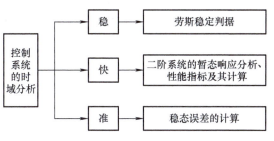

图3-28 项目3内容结构图

 习　题

3-1 选择题
(1) 表示系统快速性的性能指标是（　　）。
A. 超调量　　　　　　　　B. 振荡次数
C. 调整时间　　　　　　　D. 稳态误差
(2) 表示系统平稳性的性能指标是（　　）。
A. 超调量　　　　　　　　B. 上升时间
C. 调整时间　　　　　　　D. 稳态误差
(3) 表示系统准确性的性能指标是（　　）。
A. 超调量　　　　　　　　B. 上升时间
C. 调整时间　　　　　　　D. 稳态误差
(4) 增大系统开环放大系数，将使系统（　　）。
A. 精度降低　　　　　　　B. 精度提高
C. 稳定性提高　　　　　　D. 灵敏性降低
(5) 一个系统的稳态性能取决于（　　）。
A. 系统的输入　　　　　　B. 系统的输出
C. 系统本身的结构与参数　D. 系统的输入及系统本身结构参数

3-2 简答题
(1) 什么叫时间响应？
(2) 时间响应由哪几部分组成？各部分的定义是什么？
(3) 系统的单位阶跃响应曲线各部分反映系统哪些方面的性能？
(4) 时域瞬态响应性能指标有哪些？它们反映系统哪些方面的性能？

（5）系统稳定性的定义是什么？

（6）系统稳定的充分必要条件是什么？

（7）误差及稳态误差的定义是什么？

（8）在控制系统设计和实现时，都要根据实际工作需要对系统提出稳态误差的要求，如何保证系统的稳态误差不超过要求值？

3-3 设单位反馈系统的开环传递函数为 $G_k(s) = \dfrac{1}{s(s+1)}$，试求系统的性能指标、峰值时间、最大超调量和调节时间。

3-4 已知单位负反馈控制系统的开环传递函数如下，试判断系统的稳定性。

（1）$G_k(s) = \dfrac{10(s+1)}{s(s^3 + 4s^2 + 2s + 3)}$

（2）$G_k(s) = \dfrac{100}{s(s^2 + 8s + 24)}$

（3）$G_k(s) = \dfrac{10(s+1)}{s(s+5)(s-1)}$

3-5 设单位负反馈系统，开环传递函数为 $G_k(s) = \dfrac{K}{s(0.05s^2 + 0.4s + 1)}$，试确定系统稳定时 K 的取值范围。

3-6 单位反馈控制系统的开环传递函数为 $G_k(s) = \dfrac{1000}{s(s+10)}$，试求在输入信号为 $r(t) = 1 + 2t$ 作用时的稳态误差。

3-7 单位反馈控制系统的开环传递函数为 $G_k(s) = \dfrac{K}{s(s+2)(s+7)}$，输入信号 $r(t) = 2 + 3t$，试求使 $e_{ss} < 0.5$ 的 K 值取值范围。

3-8 设控制系统如图 3-29 所示，其中输入信号 $r(t) = t$，扰动信号 $n(t) = -1(t)$，试计算该系统的稳态误差。

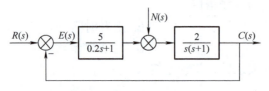

图 3-29 题 3-8 系统结构图

3-9 控制系统如图 3-30 所示，已知 $u(t) = n(t) = 1(t)$，试求：

（1）当 $K = 40$ 时系统的稳态误差。

（2）当 $K = 20$ 时系统的稳态误差。

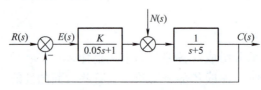

图 3-30 题 3-9 系统结构图

（3）在扰动作用点之前的前向通道中引入积分环分 $1/s$，对结果有什么影响？在扰动作用点之后引入积分环节 $1/s$，结果如何？

3-10 用 MATLAB 构建如图 3-31 所示的系统，观测不同参数下系统的阶跃响应，测试出时域性能指标（如 σ、t_s、t_p 等），并分析其参数变化对动态性能和稳定性的影响。

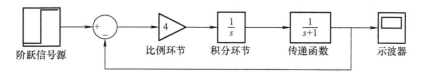

图 3-31 题 3-10 系统结构图

项目4

自动控制系统的频域分析

 学习目标

职业技能	具备控制系统稳定性的分析能力,掌握利用 MATLAB 软件进行频域分析的方法,并能针对自动控制系统的不同特点分析系统的稳定性
职业知识	掌握控制系统的频域动态指标;掌握系统频域稳定性判据
职业素养	通过本项目学习,加深学生对以前所学知识的理解,培养学生具有分析及改善系统性能的技能,培养学生准确分析系统特点的意识

 教学内容及要求

知识要求	掌握自动控制系统各个典型环节的频率特性;重点掌握奈奎斯特稳定判据、对数频率稳定判据和稳定裕度等频域性能指标;掌握0型、Ⅰ型、Ⅱ型系统开环频率特性绘制
技能要求	掌握自动控制系统频域分析方法,并能运用MATLAB软件进行典型环节的分析,并根据相关的性能指标分析系统的特性,掌握直流调速系统的操作应用技能
实践内容	学生在MATLAB软件中独立进行系统的设计和分析
教学重点	自动控制系统的频域分析
教学难点	自动控制系统的频域分析

 项目分析

本项目在数学建模的基础上分析系统的稳定性。通过系统的开环频率特性来分析闭环系统的稳定性。频域分析是一种图解分析法,具有直观和准确的特点。在具体理论环节中,应通过相关理论知识的学习,使学生了解自动控制系统的频域分析方法、频域性能指标的含义。在实践环节中,使学生认识自动控制系统分析的实际运用,能够运用学到的知识分析问题,解决问题。

项目实施方法

4.1 项目导读

项目2介绍了自动控制系统的数学模型建立方法,一旦建立了合理的、便于分析的数学模型,就可以对控制系统进行分析,从而得出系统性能的改善方法。前面项目我们建立了直流电动机转速自动控制系统的数学模型,那么如何在频域领域评价其性能?

本项目分析直流电动机转速自动控制系统频域的全部信息。

4.1.1 基本要求

在项目1中,我们知道负反馈是实现控制的基本方法,但仅仅有了负反馈并不一定能实现满意的控制。对于直流电动机调速系统,还需提出如下要求:

1) 根据建立的数学模型,判断系统的阶数。
2) 判断系统的稳定性。
3) 系统进入稳态后,实际的速度是否和希望的速度一致。

4.1.2 扩展要求

1) 改善系统的稳定性,你认为应该考虑哪些频域指标?
2) 查阅相关资料,确定直流电动机调速系统每一组成部分的参数。

4.1.3 学生需提交的材料

直流电动机调速系统频域分析报告书一份。

4.2 频域分析基础知识

项目3是利用时域分析法分析系统的动态性能指标,在本项目中我们利用另外一种常用的分析方法——频域分析法来分析控制系统的性能。频率特性是频域分析研究控制系统的数学模型。控制系统中的信号可以分解为不同频率的正弦信号的组合,频率特性反映了系统在正弦信号作用下的响应性能。

> 频域分析法有以下几个特点:
> 1) 频域分析法的各个性能指标物理意义明确。
> 2) 控制系统频率特性可以用分析法和实验法获得。对于那些难以写出微分方程的系统,实验法有重要的应用价值。
> 3) 频域分析法一般计算量不大,通常采用作图法进行分析求解,简单而直观。
> 4) 频域分析法既考虑了系统动态响应的要求,又可以兼顾噪声抑制。

4.2.1 频率特性的基本概念

1. 基本概念

系统对正弦输入信号的稳态响应称为系统的频率响应。系统频率响应与正弦输入信号之间的关系称为系统频率特性。

可以通过对 RC 电路网络的分析,引出并建立频率特性的基本概念。RC 电路网络如图 4-1 所示,利用复阻抗的概念,求得其传递函数为

$$G(s) = \frac{u_c(s)}{u_r(s)} = \frac{1/Cs}{R + 1/Cs} = \frac{1}{RCs + 1} = \frac{1}{Ts + 1}$$

式中,T 为电路的惯性时间常数,$T = RC$。

若电路网络的输入为正弦电压信号 $u_r(t) = A_i \sin\omega t$,其拉普拉斯变换为

$$U_r(s) = \frac{A_i \omega}{s^2 + \omega^2}$$

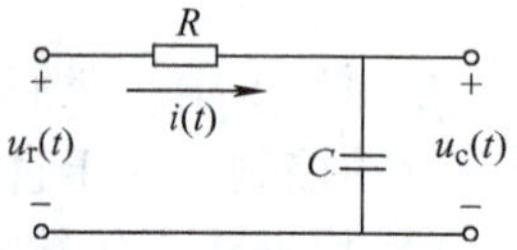

则系统输出为

$$U_c(s) = G(s)U_r(s) = \frac{1}{Ts+1} \cdot \frac{A_i \omega}{s^2 + \omega^2}$$

图 4-1 RC 电路网络

求拉普拉斯反变换得到 $U_c(s)$ 的原函数为

$$U_c(t) = \frac{A_i \omega T}{1 + \omega^2 T^2} e^{-\frac{t}{T}} + \frac{A_i}{\sqrt{1 + \omega^2 T^2}} \sin(\omega t - \arctan\omega T)$$

式中第一项是输出的瞬态分量,当 $t \to \infty$ 时,$e^{-\frac{t}{T}} \to 0$,故第一项趋于 0;第二项为输出的稳态分量:

$$\lim_{t \to \infty} U_c(t) = \frac{A_i}{\sqrt{1 + \omega^2 T^2}} \sin(\omega t - \arctan\omega T) = A_i A(\omega) \sin[\omega t + \varphi(\omega)]$$

式中,

$$A(\omega) = \frac{1}{\sqrt{1 + \omega^2 T^2}}$$

$$\varphi(\omega) = -\arctan\omega T$$

$A(\omega)$ 和 $\varphi(\omega)$ 分别反映了当 RC 电路网络输入为正弦信号时,输出稳态值的幅值和相位的变化,它们都是输入正弦信号频率 ω 的函数。$A(\omega)$ 称为系统的幅频特性,$\varphi(\omega)$ 称为相频特性。可以看出,输出信号和输入信号是同频率的信号,且稳态输出信号的振幅为输入信号振幅和 $|A(\omega)|$ 的乘积,相位和输入信号相比滞后了 $\angle G(j\omega)$。负的相位角称为相位滞后,正的相位角称为相位超前。

RC 电路网络的传递函数为

$$G(s) = \frac{1}{Ts+1}$$

取 $s = j\omega$,则有

$$G(j\omega) = \frac{1}{1 + jT\omega} = \left|\frac{1}{1 + jT\omega}\right| e^{-j\arctan\omega T} = \frac{1}{\sqrt{1 + \omega^2 T^2}} e^{-j\arctan\omega T}$$

对比可见，$A(\omega)$ 和 $\varphi(\omega)$ 分别为 $G(j\omega)$ 的幅值 $|G(j\omega)|$ 和相位 $\angle G(j\omega)$。这一结论具有普遍性，反映了 $A(\omega)$ 和 $\varphi(\omega)$ 与系统数学模型的本质关系。$G(j\omega)$ 也称为系统的频率特性。

2. 频率特性的表示方法

（1）数学表示方式　频率特性 $G(j\omega)$ 可以做如下变换：

$$G(j\omega) = \frac{1}{1+jT\omega} = \frac{1}{1+\omega^2 T^2} - j\frac{\omega T}{1+\omega^2 T^2} = R(\omega) + jI(\omega)$$

$$G(j\omega) = \frac{1}{\sqrt{1+\omega^2 T^2}} e^{-j\arctan\omega T} = A(\omega)e^{j\varphi(\omega)} = A(\omega)[\cos\varphi(\omega) + j\sin\varphi(\omega)]$$

式中，$R(\omega)$ 为实频特性，$R(\omega) = \dfrac{1}{1+\omega^2 T^2} = A(\omega)\cos\varphi(\omega)$；$I(\omega)$ 为虚频特性，$I(\omega) = -\dfrac{\omega T}{1+\omega^2 T^2} = A(\omega)\sin\varphi(\omega)$；$A(\omega) = \sqrt{R(\omega)^2 + I(\omega)^2}$；$\varphi(\omega) = \arctan\dfrac{I(\omega)}{R(\omega)}$。

频率特性 $G(j\omega)$ 可以表示为实部与虚部相加的代数式、指数式或三角函数式。

当 ω 是某个特定值时，$G(j\omega)$ 在复平面上可以表示为一个向量，向量的长度，即模为 $A(\omega)$；向量与实轴正方向之间的夹角，即相位角为 $\varphi(\omega)$，并规定逆时针方向为正，顺时针方向为负。$G(j\omega)$ 向量如图 4-2 所示。

（2）图形表示方式　在实际的分析和设计中，通常采用图形表示法，即把频率特性画成一些曲线再来研究。图形可以直观地表示出 $G(j\omega)$ 幅值与相位随 ω 变化的情况。常用的频率特性曲线包括幅相频率特性曲线、对数频率特性曲线和对数幅相曲线。这里主要介绍幅相频率特性曲线和对数频率特性曲线。

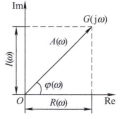

图 4-2　$G(j\omega)$ 向量

1）幅相频率特性曲线。幅相频率特性曲线简称幅相曲线，又称为极坐标图或奈奎斯特图。其特点是在直角坐标或极坐标平面上，把频率 ω 看作参变量，画出频率特性 $G(j\omega)$ 的点的轨迹，将幅频特性和相频特性同时表示在复数平面上。这里把频率特性表示为复指数形式，则 $G(j\omega)$ 为复平面上的向量。向量的长度（即模）为频率特性的幅值，向量与实轴正方向的夹角为频率特性的相位角。对于某一特定频率 ω，必有相应的幅值和相位。当频率 ω 从 0 变化到无穷大时，相应向量的矢端就形成一条曲线，这条曲线就叫作幅相曲线。幅相曲线大部分时候都不需要精确绘图，只需要找到关键的几个点画出简图即可。

对于图 4-1 所示的 RC 电路，有

$$G(j\omega) = \frac{1}{1+jT\omega}$$

$$A(\omega) = \frac{1}{\sqrt{1+\omega^2 T^2}}$$

$$\varphi(\omega) = -\arctan\omega T$$

表 4-1 列出了其幅频特性和相频特性的数据。

表 4-1　幅频特性和相频特性数据

ω	0	$1/(2T)$	$1/T$	$2/T$	$3/T$	$4/T$	$5/T$	∞
$A(\omega)$	1	0.89	0.71	0.45	0.32	0.24	0.20	0
$\varphi(\omega)$	0°	-26.6°	-45°	-63.5°	-71.5°	-76°	-78.7°	-90°

其幅相曲线如图 4-3 所示。

2) 对数频率特性曲线。对数频率特性曲线又称伯德（Bode）曲线或伯德（Bode）图，它由对数幅频和对数相频两条曲线组成。Bode 图容易绘制，又可以从图上看出参数变化和环节对系统性能的影响，是频率响应法中广泛使用的一组曲线。对数频率特性曲线的横坐标用频率 ω 标示，并按对数分度，单位是 rad/s。采用对数分度，实现了横坐标的非线性压缩，可以在很宽的频率范围内反映频率特性的变化情况。对数幅频特性纵坐标表示 $20\lg|G(j\omega)|$，单位为 dB，采用线性分度。当系统为多个环节串联而成时，对数计算可以简化运算。对数相频特性纵坐标是 $\angle G(j\omega)$，单位是（°）或 rad，采用线性分度。

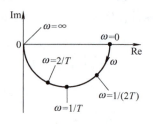

图 4-3　幅相曲线

图 4-4 是图 4-1 所示 RC 电路网络的对数幅频和对数相频曲线。

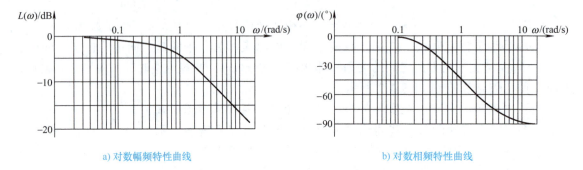

图 4-4　RC 电路网络的对数幅频特性和对数相频特性曲线

4.2.2　典型环节的频率特性

1. 比例环节

比例环节也称为放大环节，它的传递函数是 $G(s)=K$，频率特性为 $G(j\omega)=K$，则

幅频特性为 $A(\omega)=|G(j\omega)|=K$；

相频特性为 $\varphi(\omega)=\angle G(j\omega)=0$；

对数幅频特性为 $L(\omega)=20\lg A(\omega)=20\lg K$；

对数相频特性为 $\varphi(\omega)=\angle G(j\omega)=0$。

比例环节的幅相曲线和对数频率特性曲线如图 4-5 所示。幅相特性曲线是实轴上的一个点 K。

对数幅频特性曲线是一条平行于横轴的直线，且与横轴距离为 $20\lg K$ dB。当 $K>1$ 时，

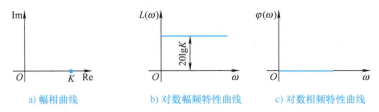

图 4-5　比例环节的幅相曲线和对数频率特性曲线

直线位于横轴上面；当 $K<1$ 时，直线位于横轴下面。对数相频特性曲线是与横轴重合的曲线。

2. 积分环节

积分环节的传递函数为 $G(s)=\dfrac{1}{s}$，频率特性为 $G(\mathrm{j}\omega)=\dfrac{1}{\omega \mathrm{j}}=\dfrac{1}{\omega}\mathrm{e}^{-\frac{\pi}{2}\mathrm{j}}$，则

幅频特性为 $A(\omega)=\dfrac{1}{\omega}$；

相频特性为 $\varphi(\omega)=-90°$；

对数幅频特性为 $L(\omega)=20\lg A(\omega)=-20\lg\omega$；

对数相频特性为 $\varphi(\omega)=-90°$。

由上面式子可以列出幅频特性和相频特性的数据见表 4-2。

表 4-2 幅频特性和相频特性数据

$\omega/(\mathrm{rad/s})$	0	1	∞
$A(\omega)$	∞	1	0
$\varphi(\omega)$	$-90°$	$-90°$	$-90°$

幅频特性与 ω 是反比关系，当 ω 由 0 向 ∞ 变化时，它的数值由 ∞ 向 0 变化，而相频特性恒为 $-90°$，其幅相曲线是与负虚轴重合的直线，如图 4-6 所示。

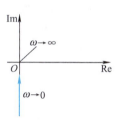

图 4-6 积分环节的幅相曲线

对数幅频特性为 $L(\omega)=20\lg A(\omega)=-20\lg\omega$。横坐标按照对数分度，把 $\lg\omega$ 看成横轴的自变量，纵轴是 $20\lg A(\omega)$，则可见 $L(\omega)$ 是一条直线，斜率为 -20。

可以推算如下：当频率从 ω 增加到 10ω 时，纵坐标的差值为 $-20\lg 10\omega-(-20\lg\omega)=-20\mathrm{dB}$，故记斜率为 $-20\mathrm{dB/dec}$。

当 $\omega=1\mathrm{rad/s}$ 时，$L(\omega)=-20\lg\omega=0\mathrm{dB}$；

当 $\omega=10\mathrm{rad/s}$ 时，$L(\omega)=-20\lg\omega=-20\mathrm{dB}$。

对数幅频特性 $L(\omega)$ 如图 4-7a 所示。对数相频特性为一条平行于横轴的 $-90°$ 的水平直线，如图 4-7b 所示。

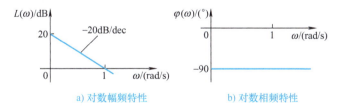

a) 对数幅频特性　　　b) 对数相频特性

图 4-7 积分环节的对数频率特性曲线

3. 微分环节

微分环节的传递函数为 $G(s)=s$，频率特性为 $G(\mathrm{j}\omega)=\omega\mathrm{j}=\omega\mathrm{e}^{\frac{\pi}{2}\mathrm{j}}$，则

幅频特性为 $A(\omega)=\omega$；

相频特性为 $\varphi(\omega) = 90°$；
对数幅频特性为 $L(\omega) = 20\lg\omega$；
对数相频特性为 $\varphi(\omega) = 90°$。
由上面式子可以列出幅频特性和相频特性的数据见表4-3。

表4-3 幅频特性和相频特性数据

ω	0	1	∞
$A(\omega)$	0	1	∞
$\varphi(\omega)$	90°	90°	90°

幅频特性与 ω 成正比关系，当频率 ω 由 0 到 ∞ 变化时，幅值特性的数值也由 0 向 ∞ 变化，相频特性恒为90°，其幅相曲线是与实虚轴重合的直线，如图4-8所示。

对数幅频特性为 $L(\omega) = 20\lg\omega$，它是一条斜率为 20dB/dec 的直线。当频率为 ω 增加到 10ω 时，纵坐标的差值为 $20\lg10\omega - 20\lg\omega = 20$dB，故记斜率为 20dB/dec。

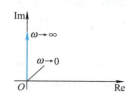

图4-8 微分环节的幅相曲线

当 $\omega = 1$rad/s 时，$L(\omega) = -20\lg\omega = 0$dB；
当 $\omega = 10$rad/s 时，$L(\omega) = -20\lg\omega = 20$dB。

对数幅频特性 $L(\omega)$ 如图4-9a所示。对数相频特性为一条平行于横轴的90°水平直线，如图4-9b所示。

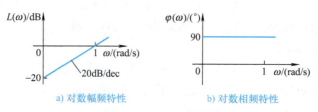

a) 对数幅频特性　　b) 对数相频特性

图4-9 微分环节的对数频率特性曲线

4. 惯性环节

惯性环节的传递函数为 $G(s) = \dfrac{1}{1+Ts}$，频率特性为 $G(j\omega) = \dfrac{1}{1+j\omega T} = \dfrac{1}{\sqrt{1+\omega^2 T^2}} e^{-\arctan\omega T} = \dfrac{1}{1+\omega^2 T^2} - j\dfrac{\omega T}{1+\omega^2 T^2}$，则

幅频特性为 $A(\omega) = 1/\sqrt{1+\omega^2 T^2}$；
相频特性为 $\varphi(\omega) = -\arctan\omega T$；
对数幅频特性为 $L(\omega) = -20\lg\sqrt{1+\omega^2 T^2}$；
对数相频特性为 $\varphi(\omega) = -\arctan\omega T$。
列出幅频特性和相频特性的数据见表4-4。
其幅相曲线如图4-10所示。

表 4-4　幅频特性和相频特性数据

ω	0	$1/T$	∞
$A(\omega)$	1	$1/\sqrt{2}$	0
$\varphi(\omega)$	0°	-45°	-90°

准确的对数幅频特性曲线是一条比较复杂的曲线，可以在 ω 从 0 变化到 ∞ 的范围内，逐点求出 $L(\omega)$ 的值，从而绘制出曲线，但那样费时费力，为了简化工作，一般采用渐近线近似代替曲线。

先绘制低频渐近线：当 $\omega \ll 1/T$ 时，可忽略 $\omega^2 T^2$，此时有 $L(\omega) = -20\lg \sqrt{1+\omega^2 T^2} \approx -20\lg 1 = 0$，因此惯性环节的低频渐近线为 0dB 线，即是与实轴重合的直线。

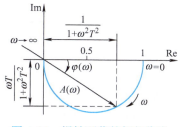

图 4-10　惯性环节的幅相曲线

再绘制高频渐近线：当 $\omega \gg 1/T$ 时，可忽略 1，此时有 $L(\omega) = -20\lg \sqrt{1+\omega^2 T^2} \approx -20\lg \omega T$，因此惯性环节的高频渐近线为一条斜率为 -20 dB/dec 的直线，它在 $\omega = 1/T$ 处穿越 0dB 线。

当 $\omega = 1/T$ 时，高、低渐近线的幅值都为零时，即此时高、低频渐近线相交。$\omega = 1/T$ 称为交接频率或转折频率。

以渐近线近似表示 $L(\omega)$，必然存在误差。表 4-5 是 ωT 为不同值时的误差。可以看出，在交接频率 $\omega = 1/T$ 处，$L(\omega)$ 的误差最大，约为 -3.0 dB。渐近线容易画出，并且使用渐近线代替实际曲线引起的误差也不大，所以一般绘制对数幅频特性曲线时采用渐近线。绘制渐近线的关键是要找到转折频率。惯性环节的对数幅频特性曲线如图 4-11a 所示。

表 4-5　ωT 为不同值时的误差及对数相频特性

ωT	0.1	0.25	0.5	1.0	2.0	2.5	10
$L(\omega)$ 的误差/dB	-0.04	-0.32	-1.0	-3.0	-1.0	-0.65	-0.04
$\varphi(\omega)$ / (°)	-5.7	-14.0	-26.6	-45	-63.4	-68.2	-89.4

对数相频特性可根据公式取点绘出，主要需要注意几个关键处。

当 $\omega \to 0$ 时，$\varphi(\omega) \to 0$。

当 $\omega = 1/T$ 时，$\varphi(\omega) = -\dfrac{\pi}{4}$。

当 $\omega \to \infty$ 时，$\varphi(\omega) \to -\dfrac{\pi}{2}$。

对数相频特性曲线如图 4-11b 所示。

5. 一阶微分环节

传递函数 $G(s) = 1 + Ts$，频率特性为 $G(j\omega) = 1 + j\omega T = \sqrt{1+(\omega T)^2} e^{j\arctan(\omega T)}$，则

幅频特性为 $A(\omega) = \sqrt{1+(\omega T)^2}$；

相频特性为 $\varphi(\omega) = \arctan(\omega T)$；

对数幅频特性为 $L(\omega) = 20\lg \sqrt{1+(\omega T)^2}$；

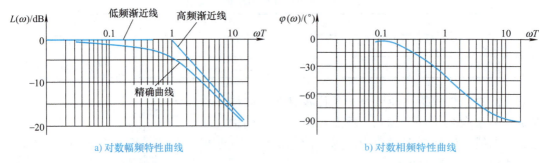

a) 对数幅频特性曲线　　　　　　　　　　b) 对数相频特性曲线

图 4-11　惯性环节的对数幅频特性和对数相频特性曲线

对数相频特性为 $\varphi(\omega) = \arctan(\omega T)$；

实频特性 $R(\omega) = 1$；

虚频特性 $I(\omega) = j\omega T$。

列出幅频特性和相频特性的数据见表 4-6。

表 4-6　幅频特性和相频特性数据

ω	0	$1/T$	∞
$A(\omega)$	1	$\sqrt{2}$	∞
$\varphi(\omega)$	0°	45°	90°

当 ω 由 $0 \to \infty$ 变化时，幅频特性的值由 1 变化到 ∞，而相位由 0° 变化到 90°。再由实频特性 $R(\omega) = 1$ 可知，实部始终为 1。一阶微分环节的幅相曲线如图 4-12 所示。对数幅频特性曲线采用渐近线近似的方法绘制。

当 $\omega \ll 1/T$ 时，可忽略 $\omega^2 T^2$，此时有 $L(\omega) = 20\lg \sqrt{1 + \omega^2 T^2} \approx 20\lg 1 = 0$，因此惯性环节的低频渐近线为 0dB 线，即是与实轴重合的直线。

当 $\omega \gg 1/T$ 时，可忽略 1，此时有 $L(\omega) = 20\lg \sqrt{1 + \omega^2 T^2} \approx 20\lg \omega T$，因此惯性环节的高频渐近线为一条斜率为 20dB/dec 的斜直线，它在 $\omega = 1/T$ 处穿越 0dB 线。

当 $\omega = 1/T$ 时，高、低渐近线的幅值都为零时，此时高、低频渐近线相交，即交接频率为 $\omega = 1/T$。

以渐近线近似表示 $L(\omega)$，必然存在误差。表 4-7 是 ωT 为不同值时的误差。

最大误差发生在交接频率 $\omega = 1/T$ 处，在该频率处 $L(\omega)$ 的最大误差约为 -3.0dB，惯性环节的对数幅频特性曲线如图 4-13a 所示。

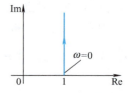

图 4-12　一阶微分环节的幅相曲线

表 4-7　ωT 为不同值时的误差及对数相频特性

ωT	0.1	0.25	0.5	1.0	2	2.5	10
$L(\omega)$ 的误差/dB	−0.04	−0.32	−1.0	−3.0	−1.0	−0.65	−0.04
$\varphi(\omega)/(°)$	5.7	14.0	26.6	45	63.4	68.2	89.4

对数相频特性可根据公式取点绘出,主要需要注意几个关键处。

当 $\omega \to 0$ 时, $\varphi(\omega) \to 0$。

当 $\omega = 1/T$ 时, $\varphi(\omega) = \dfrac{\pi}{4}$。

当 $\omega \to \infty$ 时, $\varphi(\omega) \to \dfrac{\pi}{2}$。

对数相频特性曲线如图 4-13b 所示。

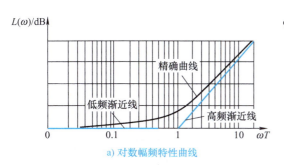
a) 对数幅频特性曲线

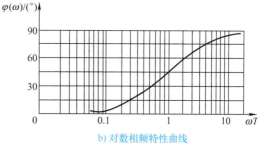
b) 对数相频特性曲线

图 4-13　一阶微分环节的对数幅频特性和对数相频特性曲线

6. 延迟环节

延迟环节的传递函数 $G(s) = \mathrm{e}^{-\tau s}$,频率特性为 $G(\mathrm{j}\omega) = \mathrm{e}^{-\tau \mathrm{j}\omega}$,则

幅频特性为 $A(\omega) = 1$;

相频特性为 $\varphi(\omega) = -\omega\tau$;

对数幅频特性为 $L(\omega) = 20\lg 1 = 0$;

对数相频特性为 $\varphi(\omega) = -\omega\tau$。

可知幅频特性恒等于 1,相频特性是 ω 的线性函数,当 $\omega = 0$ 时, $\varphi(\omega) = 0$;当 $\omega \to \infty$ 时, $\varphi(\omega) \to -\infty$。延迟环节的幅相曲线是一个圆心在原点的单位圆,如图 4-14a 所示。

延迟环节的对数幅频特性恒为 0dB,是一条与实轴重合的直线,而相位角随 ω 增大而滞后增大。根据其特点,画出延迟环节的对数幅频、相频特性曲线如图 4-14b、c 所示。

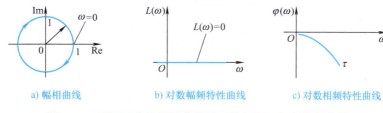

a) 幅相曲线　　　　b) 对数幅频特性曲线　　　　c) 对数相频特性曲线

图 4-14　延迟环节的幅相曲线和对数幅频、相频特性曲线

7. 振荡环节

惯性环节的传递函数为 $G(s) = \dfrac{1}{s^2/\omega_\mathrm{n}^2 + 2\zeta s/\omega_\mathrm{n} + 1}$,频率特性为 $G(\mathrm{j}\omega) = 1 \Big/ \Big[1 - \Big(\dfrac{\omega}{\omega_\mathrm{n}}\Big)^2 + \mathrm{j}\dfrac{2\zeta\omega}{\omega_\mathrm{n}} \Big]$,则

幅频特性为 $A(\omega) = 1/\sqrt{\left(1-\dfrac{\omega^2}{\omega_n^2}\right)^2 + \left(\dfrac{2\zeta\omega}{\omega_n}\right)^2}$；

相频特性为 $\varphi(\omega) = -\arctan\dfrac{2\zeta\omega\omega_n}{\omega_n^2 - \omega^2}$；

对数幅频特性为 $L(\omega) = 20\lg\dfrac{1}{\sqrt{\left(1-\dfrac{\omega^2}{\omega_n^2}\right)^2 + \left(\dfrac{2\zeta\omega}{\omega_n}\right)^2}}$；

对数相频特性为 $\varphi(\omega) = -\arctan\dfrac{2\zeta\omega\omega_n}{\omega_n^2 - \omega^2}$。

列出幅频特性和相频特性的数据见表 4-8。

表 4-8 幅频特性和相频特性数据

ω	0	ω_n	∞
$A(\omega)$	1	$1/(2\zeta)$	0
$\varphi(\omega)$	0°	-90°	-180°

由表 4-8 中数据可知，振荡环节的幅相曲线（见图 4-15）起于正实轴（1, j0）点，顺时针经第四象限交负实轴于 $\left(0, -\dfrac{1}{2}\zeta\right)$，$\zeta$ 值越小，曲线与负虚轴交点距原点越远，然后进入第三象限，在原点相切于负实轴并终止于原点。

振荡环节的对数幅频特性曲线很复杂，一般采用渐近线近似表示（不考虑 ζ）。

当 $\omega/\omega_n \ll 1$ 时，可忽略 ω/ω_n 项，此时

$$L(\omega) = 20\lg\dfrac{1}{\sqrt{\left(1-\dfrac{\omega^2}{\omega_n^2}\right)^2 + \left(\dfrac{2\zeta\omega}{\omega_n}\right)^2}} \approx -20\lg 1 = 0\text{dB}$$

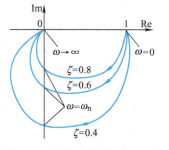

图 4-15 振荡环节的幅相曲线

因此振荡环节的低频渐近线为 0dB 线，即是与实轴重合的直线。

当 $\omega/\omega_n \gg 1$ 时，可忽略 1 和 $2\zeta\omega/\omega_n$，此时有

$$L(\omega) = 20\lg\dfrac{1}{\sqrt{\left(1-\dfrac{\omega^2}{\omega_n^2}\right)^2 + \left(\dfrac{2\zeta\omega}{\omega_n}\right)^2}} \approx -20\lg\dfrac{\omega^2}{\omega_n^2} = -40\lg\dfrac{\omega}{\omega_n}$$

因此振荡环节的高频渐近线为一条斜率为 -40 dB/dec 的斜直线。当 $\omega = \omega_n$ 时，$L(\omega) = 0$，也即是此时低频渐近线和高频渐近线相交，故交接频率（转折频率）为 $\omega = \omega_n$。

以渐近线近似表示 $L(\omega)$，必然存在误差。最大误差发生在交接频率 $\omega = \omega_n$ 处，此时幅频实际值为 $L(\omega) = -20\lg\sqrt{(2\zeta)^2} = -20\lg(2\zeta)$。可见，实际曲线与渐近线之间的误差不仅与 ω 有关，还与 ζ 有关。对于不同的 ζ 值，上述误差见表 4-9。

表 4-9 振荡环节对数幅频的误差修正表

ζ	0.1	0.15	0.2	0.25	0.3	0.4	0.5	0.6	0.7	0.8	1.0
误差/dB	14.0	10.4	8.0	6.0	4.4	2.0	0	-1.6	-3.0	-4.0	-6.0

从表4-9中可以看出，当ζ在$0.4 \sim 0.7$之间时，误差小于3dB，影响不大，工程上一般还可以接受，但当$\zeta<0.4$或$\zeta>0.7$时，误差较大，需要进行修正。对数幅频特性如图4-16所示。

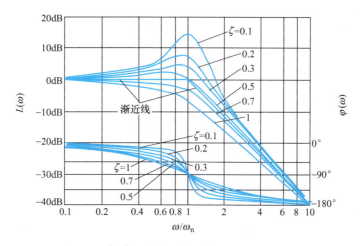

图4-16 振荡环节的对数幅频、相频特性曲线

对数相频特性可根据公式取点绘出，主要需要注意几个关键处。

当$\omega \to 0$时，$\varphi(\omega) \to 0$。

当$\omega = \omega_n$时，$\varphi(\omega) = -\dfrac{\pi}{2}$。

当$\omega \to \infty$时，$\varphi(\omega) \to -\pi$。

根据上述特征，可以近似描出惯性环节的对数相频特性曲线，如图4-16所示。

4.2.3 控制系统的开环频率特性及其绘制

前面介绍了典型基本环节的传递函数和频率特性，一般来说，一个系统的开环传递函数都很容易改写成基本环节传递函数的乘积的形式。如

$$G(s) = G_1(s) G_2(s) \cdots G_n(s)$$

式中，$G_1(s)$，$G_2(s)$，$\cdots$，$G_n(s)$ 为各串联基本环节的传递函数。以$j\omega$代替s，则系统的开环频率特性为

$$\begin{aligned} G(j\omega) &= G_1(j\omega) G_2(j\omega) \cdots G_n(j\omega) \\ &= A_1(\omega) e^{j\varphi_1(\omega)} A_2(\omega) e^{j\varphi_2(\omega)} \cdots A_n(\omega) e^{j\varphi_n(\omega)} \\ &= \prod_{i=1}^{n} A_i(\omega) e^{j\sum_{i=1}^{n} \varphi_i(\omega)} \end{aligned}$$

开环幅频特性为$A(\omega) = A_1(\omega) A_2(\omega) A_3(\omega) \cdots A_n(\omega)$；

开环相频特性为$\varphi(\omega) = \varphi_1(\omega) + \varphi_2(\omega) + \varphi_3(\omega) + \cdots + \varphi_n(\omega)$；

开环对数幅频特性为$L(\omega) = 20\lg A(\omega) = 20\lg A_1(\omega) + 20\lg A_2(\omega) + 20\lg A_3(\omega) + \cdots + 20\lg A_n(\omega)$；

开环对数相频特性为$\varphi(\omega) = \varphi_1(\omega) + \varphi_2(\omega) + \varphi_3(\omega) + \cdots + \varphi_n(\omega)$。

由上面的等式可得出如下结论：

各串联环节的幅频特性之积为系统的开环幅频特性。
各串联环节的相频特性之和为系统的开环相频特性。
各串联环节的对数幅频特性之和为系统的开环对数幅频特性。
各串联环节的对数相频特性之和为系统的开环对数相频特性。

例 4-1 试绘制下列开环传递函数的幅相曲线。

$$G_k(s) = \frac{K}{(1+T_1 s)(1+T_2 s)}$$

设 $K=10$，$T_1=1$，$T_2=2$。

解：系统开环频率特性为

$$G_k(j\omega) = \frac{K}{(1+jT_1\omega)(1+jT_2\omega)}$$

幅频特性为 $A(\omega) = \dfrac{K}{\sqrt{1+T_1^2\omega^2} \cdot \sqrt{1+T_2^2\omega^2}}$。

相频特性为 $\varphi(\omega) = -\arctan T_1\omega - \arctan T_2\omega$。

当 $\omega=0$ 时，$A(\omega)=K=10$，$\varphi(\omega)=0$。

当 $\omega\to\infty$ 时，$A(\omega)=0$，$\varphi(\omega)=-\pi$。

由幅频频率特性和相频频率特性随 ω 变化的情况可知，幅相曲线起始于正实轴（10，j0）点，顺时针经第四象限与负实轴相交，然后进入第三象限，在原点相切于负实轴并终止于原点。绘制幅相曲线如图 4-17 所示。

如需要更精确的图形，可以列出实频特性和虚频特性，求解曲线和虚轴的交点。

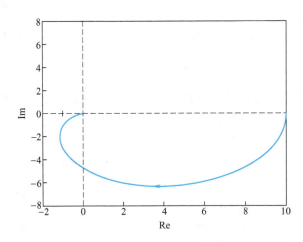

图 4-17 例 4-1 的幅相曲线

例 4-2 试绘制下列开环传递函数的幅相曲线。

$$G_k(s) = \frac{K}{(1+T_1 s)(1+T_2 s)(1+T_3 s)}$$

设 $K=1$，$T_1=1$，$T_2=2$，$T_3=3$。

解：系统开环频率特性为

$$G_k(j\omega) = \frac{K}{(1+jT_1\omega)(1+jT_2\omega)(1+jT_3\omega)}$$

幅频特性为 $A(\omega) = \dfrac{K}{\sqrt{1+T_1^2\omega^2} \cdot \sqrt{1+T_2^2\omega^2} \cdot \sqrt{1+T_3^2\omega^2}}$；

相频特性为 $\varphi(\omega) = -\arctan T_1\omega - \arctan T_2\omega - \arctan T_3\omega$。

当 $\omega = 0$ 时，$A(\omega) = K = 1$，$\varphi(\omega) = 0$。

当 $\omega \to \infty$ 时，$A(\omega) = 0$，$\varphi(\omega) = -\pi/2 - \pi/2 - \pi/2 = -3\pi/2$。

由幅频特性和相频特性随 ω 变化的情况可知，幅相特性曲线起始于正实轴 $(1,j0)$ 点，顺时针经第四象限与负实轴相交，然后进入第三象限与第二象限，在原点相切于正实轴并终止于原点。绘制幅相曲线如图 4-18 所示。

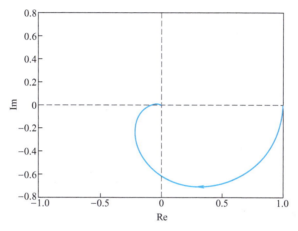

图 4-18　例 4-2 的幅相曲线

例 4-3　试绘制下列开环传递函数的幅相曲线。

$$G_k(s) = \dfrac{K}{s(1+Ts)}$$

设 $K=1$，$T=1$。

解：系统开环频率特性为

$$G_k(j\omega) = \dfrac{K}{j\omega(1+jT\omega)}$$

幅频特性为 $A(\omega) = \dfrac{K}{\omega\sqrt{1+T^2\omega^2}}$；

相频特性为 $\varphi(\omega) = -\pi/2 - \arctan T\omega$；

实频特性为 $R(\omega) = \dfrac{-KT}{T^2\omega^2+1}$；

虚频特性为 $I(\omega) = \dfrac{-K}{\omega(T^2\omega^2+1)}$。

当 $\omega \to 0$ 时，$A(\omega) = \infty$，$\varphi(\omega) = -\pi/2$；$R(\omega) = -KT$，$I(\omega) = -\infty$。

当 $\omega \to \infty$ 时，$A(\omega) = 0$，$\varphi(\omega) = -\pi$；$R(\omega) = 0$，$I(\omega) = 0$。

由幅频特性和相频特性随 ω 变化的情况可知，幅相特性曲线起始于相位为 $-90°$，幅值为无穷大处，曲线最终在原点相切于负实轴并终止于原点。绘制幅相曲线如图 4-19 所示。

由例 4-1 ~ 例 4-3 可以总结出，绘制开环传递函数的幅相频率特性时，主要需要注意曲

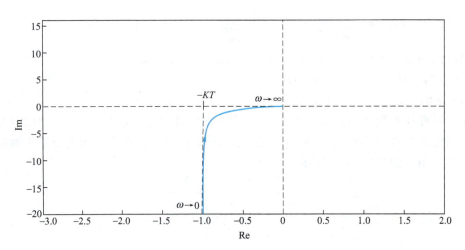

图 4-19 例 4-3 的幅相曲线

线的起点和终点。即 $\omega \to 0$ 时曲线从何处开始，$\omega \to \infty$ 时曲线又如何终止于原点。另外就是曲线和实轴、虚轴的交点。交点可以分别令虚频特性和实频特性为 0 求出。

设系统开环频率特性的一般形式为

$$G_k(j\omega) = \frac{K(1+j\tau_1\omega)(1+j\tau_2\omega)\cdots(1+j\tau_m\omega)}{(j\omega)^\gamma (1+jT_1\omega)(1+jT_2\omega)\cdots(1+jT_{n-\gamma}\omega)}$$

式中，$n > m$，γ 为积分环节的个数。

(1) 在 $\omega \to 0$ 时 即曲线的起点

$$G_k(j\omega) \approx \frac{K}{(j\omega)^\gamma}$$

幅频特性为 $A(\omega) = \dfrac{K}{\omega^\gamma}$；

相频特性为 $\varphi(\omega) = -\gamma \dfrac{\pi}{2}$。

系统开环幅相曲线的起点取决于积分环节的数目 γ：

1) $\gamma = 0$，0 型系统，$A(0) = K$，$\varphi(0) = 0$。起点是在实轴上的点 $(K, j0)$。

2) $\gamma = 1$，Ⅰ型系统，$A(0) \to \infty$，$\varphi(0) = -\pi/2$。起点是在相位为 $-\pi/2$，幅值为无穷大处。

3) $\gamma = 2$，Ⅱ型系统，$A(0) \to \infty$，$\varphi(0) = -\pi$。起点是在相位为 $-\pi$，幅值为无穷大处。

4) $\gamma = 3$，Ⅲ型系统，$A(0) \to \infty$，$\varphi(0) = -3\pi/2$。起点是在相位为 $-3\pi/2$，幅值为无穷大处。

(2) 在 $\omega \to \infty$ 时 即曲线的终点

$$A(\omega) = 0$$
$$\varphi(\omega) = -(n-m)\pi/2$$

1) $n - m = 1$，特性曲线的终点以 $-\pi/2$ 进入原点。

2) $n - m = 2$，特性曲线的终点以 $-\pi$ 进入原点。

3) $n - m = 3$，特性曲线的终点以 $-3\pi/2$ 进入原点。

4) $n-m=4$，特性曲线的终点以 -2π 进入原点。

例 4-4　试绘制下列开环传递函数的对数频率特性曲线。

$$G_k(s) = \frac{K}{(1+T_1 s)(1+T_2 s)}$$

设 $K=1$，$T_1=10$，$T_2=1$。

解：系统开环频率特性为

$$G_k(j\omega) = \frac{K}{(1+jT_1\omega)(1+jT_2\omega)}$$

对数幅频特性为 $L(\omega)=20\lg A(\omega)=20\lg K - 20\lg\sqrt{1+T_1^2\omega^2} - 20\lg\sqrt{1+T_2^2\omega^2}$；

对数相频特性为 $\varphi(\omega) = -\arctan T_1\omega - \arctan T_2\omega$。

绘制对数幅频特性曲线时，可以用渐近线代替精确的曲线，得到折线形式的对数幅频特性曲线，必要时再对渐近线进行修正。

当 $\omega \ll 1/T_1$ 时，可忽略 $T_1^2\omega^2$ 和 $T_2^2\omega^2$，$L(\omega)=20\lg K$，$\varphi(\omega)=0$。ω 在该频率内时，对数幅频特性渐近线是一条高度为 $20\lg K$ 的直线。将 $K=1$ 代入，可知 $L(\omega)=20\lg K=0$。它是与实轴重合的直线。

当 $1/T_1 \ll \omega \ll 1/T_2$ 时，$L(\omega)=20\lg K - 20\lg T_1\omega$。$\omega$ 在该频率内时，对数幅频特性渐近线是一条斜率为 -20dB/dec 的直线。它与低频段渐近线相交于 $\omega=1/T_1$ 处，将 $\omega=1/T_1$ 代入 $L(\omega)$ 等式中，得该点 $L(\omega)=0$。

当 $\omega \gg 1/T_2$ 时，$L(\omega)=20\lg K - 20\lg T_1\omega - 20\lg T_2\omega$，$\varphi(\omega)=-\pi$。$\omega$ 在该频率内时，对数幅频特性渐近线是一条斜率为 -40dB/dec 的直线。它与上一段渐近线相交于 $\omega=1/T_2$ 处。$\omega=1/T_1$ 和 $\omega=1/T_2$ 称为交接频率。

绘制对数相频特性曲线时，可以根据相频函数，取频率的若干点，计算相应的相位角值，然后描制相频特性的近似图形即可。

绘制出的对数频率特性曲线如图 4-20 所示。

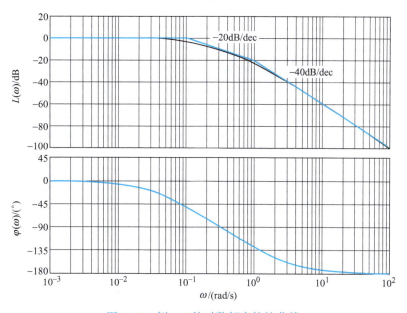

图 4-20　例 4-4 的对数频率特性曲线

例 4-5 试绘制下列开环传递函数的对数频率特性曲线。

$$G_k(s) = \frac{K}{s(1+Ts)}$$

设 $K=1$，$T=0.1$。

解：系统开环频率特性为

$$G_k(j\omega) = \frac{K}{j\omega(1+jT\omega)}$$

对数幅频特性为 $L(\omega) = 20\lg A(\omega) = 20\lg K - 20\lg\omega - 20\lg\sqrt{1+T^2\omega^2}$。

对数相频特性为 $\varphi(\omega) = -\pi/2 - \arctan T\omega$。

同样的，绘制对数幅频特性时，可以用渐近线代替精确的曲线，得到折线形式的对数幅频特性曲线，必要时再对渐近线进行修正。

低频段，当 $\omega \ll 1/T$ 时，可忽略 $T^2\omega^2$，$L(\omega) = 20\lg K - 20\lg\omega$，$\varphi(\omega) = -\pi/2$，此时，对数幅频特性渐近线是一条斜率为 -20dB/dec 的直线。

当 $\omega = K$ 时，$L(\omega) = 0$。

当 $\omega = 1$ 时，$L(\omega) = 20\lg K$。

高频段，当 $\omega \gg 1/T$ 时，$L(\omega) = 20\lg K - 20\lg\omega - 20\lg T\omega$，$\varphi(\omega) = -\pi$。此时，对数幅频特性渐近线是一条斜率为 -40dB/dec 的直线。它与低频渐近线相交于 $\omega = 1/T$ 处。

将参数 K、T 的值代入，绘制出对数幅频特性曲线如图 4-21 所示。

绘制对数相频特性时，可以根据相频函数，取频率的若干点，计算相应的相位角值，然后描制相频特性的近似图形即可。

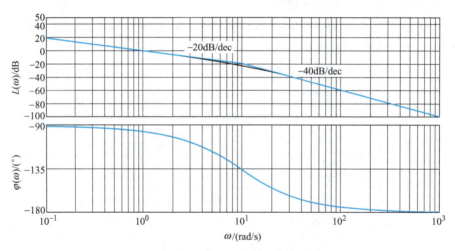

图 4-21 例 4-5 的对数频率特性曲线

根据例 4-4 和例 4-5，可以总结绘制开环系统对数频率特性的一般规律如下：

1）将开环传递函数写成各个典型环节乘积的形式，计算各典型环节的交接频率，将各交接频率按从小到大的顺序排列。

2）绘制低频渐近线。取 $\omega=1$，$L(\omega) = 20\lg K$ 点，作低频渐近线。0 型系统，渐近线是与实轴平行的水平线；Ⅰ型系统是斜率为 -20dB/dec 的直线；Ⅱ型系统是斜率为 -40dB/dec 的直线；系统包含有 γ 个积分环节，则低频渐近线斜率就是 $-20\gamma\text{dB/dec}$。

3）此后每遇到一个交接频率，斜率就要做一次改变：
惯性环节交接频率，斜率增加 -20dB/dec；
一阶微分环节交接频率，斜率增加 20dB/dec；
振荡环节交接频率，斜率增加 -40dB/dec；
二阶微分环节交接频率，斜率增加 40dB/dec。

例 4-6 试绘制下列开环传递函数的对数幅频特性。

$$G_k(s) = \frac{10(1+s/4)}{s(1+2s)(1+0.1s+s^2/100)}$$

解：写出各个典型环节的交接频率，并按由小到大排列：$\omega_1 = 0.5 \text{rad/s}$，$\omega_2 = 4\text{rad/s}$，$\omega_3 = 10\text{rad/s}$。

绘制低频渐近线。当 $\omega = 1$ 时，$L(\omega) = 20\lg K = 20$。

系统是 I 型系统，低频渐近线是斜率为 -20dB/dec 的直线。过点(1，20j)，作斜率为 -20dB/dec 的直线。

在 $\omega_1 = 0.5\text{rad/s}$ 处，渐近线的斜率减少 20dB/dec，即从 -20dB/dec 更改为 -40dB/dec。
在 $\omega_2 = 4\text{rad/s}$ 处，渐近线的斜率增加 20dB/dec，即从 -40dB/dec 更改为 -20dB/dec。
在 $\omega_3 = 10\text{rad/s}$ 处，渐近线的斜率减少 40dB/dec，即从 -20dB/dec 更改为 -60dB/dec。
对数幅频特性曲线如图 4-22 所示。

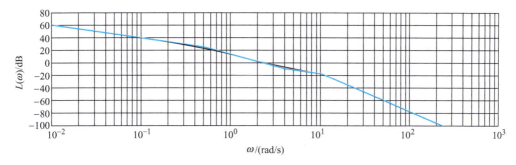

图 4-22 例 4-6 的对数幅频特性曲线

4.2.4 控制系统稳定性的频域分析

根据系统的开环频率特性来判断相应闭环系统的稳定性称为系统稳定性的频域分析。

频域分析常用的判据有奈奎斯特稳定判据和对数频率稳定判据。频域判据使用方便，易于推广，除了判定系统是否稳定外，还能指出系统的稳定程度，有利于采用相关方法改善系统的稳定性。

1. 奈奎斯特（Nyquist）稳定判据

（1）开环传递函数没有积分环节（0 型系统） 奈奎斯特稳定判据（简称奈氏判据）表述如下：设 s 右半平面开环极点数为 P，闭环极点数为 Z。当 ω 从 $-\infty$ 变化到 $+\infty$ 时，系统的开环频率特性曲线 $G(j\omega)$ 按逆时针方向包围 $(-1, j0)$ 点 N 周，则有 $Z = P - N$。闭环控制系统稳定充分必要条件是 $Z = 0$。

可见，若开环系统稳定，即 $P = 0$，则闭环系统稳定的充分必要条件为：当 ω 从 $-\infty$ 变

化到 +∞ 时，开环频率特性曲线不包含 (-1, j0) 点。

若开环系统不稳定，即 $P \neq 0$，则闭环系统稳定的充分必要条件为：当 ω 从 $-\infty$ 变化到 $+\infty$ 时，开环频率特性曲线逆时针方向包围 (-1, j0) 点的圈数为 P。

若开环频率特性曲线穿越 (-1, j0) 点，则闭环系统处于临界稳定。

(2) 开环传递函数有积分环节的系统　开环有积分环节，此时有开环极点在 S 平面的坐标原点处。0 型系统，当 $\omega = 0^+$ 和 $\omega = 0^-$ 时，幅相曲线的点是重合的，并且都是在实轴上。而开环传递函数有积分环节的系统，该两点不重合，并且位于无穷远处。如果开环传递函数有 γ 个积分环节，当频率从 $\omega = 0^-$ 向 $\omega = 0^+$ 变化时，对应的 $G(j\omega)$ 的奈奎斯特图位于无穷远处，相位由 $\gamma\pi/2 \to 0 \to -\gamma\pi/2$，顺时针转动 $\gamma\pi$ rad。应用奈奎斯特稳定判据时，应先把 $\omega = 0^-$ 向 $\omega = 0^+$ 变化时的曲线补充完整再进行判定。

例 4-7　设系统开环传递函数如下所示，试用奈奎斯特稳定判据判定闭环系统的稳定性。

$$G_k(s) = \frac{K}{(1+T_1 s)(1+T_2 s)}$$

设 $K = 10$，$T_1 = 1$，$T_2 = 2$。

解：系统开环频率特性为

$$G_k(j\omega) = \frac{K}{(1+jT_1\omega)(1+jT_2\omega)}$$

幅频特性为 $A(\omega) = \dfrac{K}{\sqrt{1+T_1^2\omega^2} \cdot \sqrt{1+T_2^2\omega^2}}$。

相频特性为 $\varphi(\omega) = -\arctan T_1\omega - \arctan T_2\omega$。

当 $\omega = 0$ 时，$A(\omega) = K = 10$，$\varphi(\omega) = 0$。

当 $\omega \to \infty$ 时，$A(\omega) = 0$，$\varphi(\omega) = -\pi$。

系统的开环幅相曲线如图 4-23 所示。$\omega \to -\infty$ 到 0 的部分曲线未画出。由图可见，开环频率特性不包含 (-1, j0)，$N = 0$，系统右半平面的开环极点数为 $P = 0$，$Z = P - N = 0 - 0 = 0$。故闭环系统稳定。

例 4-8　设系统开环传递函数为

$$G_k(s) = \frac{K}{(2+s)(s^2+s+5)}$$

试用奈奎斯特稳定判据判定当 $K = 22$ 和 $K = 5.5$ 时，闭环系统的稳定性。

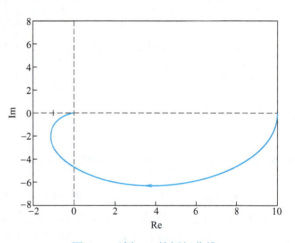

图 4-23　例 4-7 的幅相曲线

解：

$$G_k(j\omega) = \frac{K}{(2+j\omega)(-\omega^2+j\omega+5)} = \frac{K}{(10-3\omega^2)+j(7\omega-\omega^3)}$$

令 $I(\omega) = 0$，得 $\omega = \sqrt{7}$ rad/s。此时 $R(\omega) = -K/11$，即曲线与负实轴相交于点 $(-K/11, j0)$。

当 $K = 22$ 时，与实轴的交点为 $(-2, j0)$，系统开环幅相曲线如图 4-24 所示。

当 ω 从 $-\infty$ 变化到 $+\infty$ 时，系统的开环幅相曲线 $G(j\omega)$ 按逆时针方向包围 (-1, j0) 点 $N = -2$ 周。开环传递函数在 s 右半平面上的极点数为 $P = 0$，$Z = P - N = 2$。可见闭环系

统不稳定。

当 $K=5.5$ 时，与实轴的交点为（-0.5，j0），系统开环幅相曲线如图 4-25 所示。

当 ω 从 $-\infty$ 变化到 $+\infty$ 时，系统的开环幅相曲线 $G(j\omega)$ 按逆时针方向包围（-1，j0）点 $N=0$ 周。开环传递函数在 s 右半平面上的极点数为 $P=0$，$Z=P-N=0$。可见闭环系统稳定。

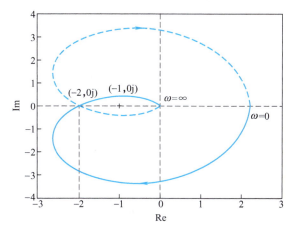

图 4-24　例 4-8 的开环幅相曲线（$K=22$）

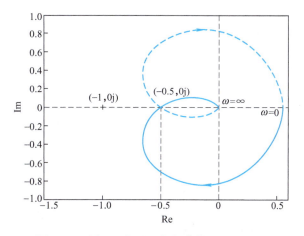

图 4-25　例 4-8 的开环幅相曲线（$K=5.5$）

例 4-9　设系统开环幅相曲线如图 4-26 所示，系统没有开环不稳定极点，请判断闭环系统的稳定性。

由图 4-26 知，该系统包含 1 个积分环节。

解：

补画曲线 ω 从 $-\infty$ 变化到 0 的部分。ω 从 0^- 到 0^+ 时，曲线应以无穷大半径顺时针补画 1/2 周，即 1π rad，如图 4-27 所示。

由图 4-27 可见，开环幅相频率特性曲线顺时针方向包围了（-1，j0）点 2 周，即 $N=-2$，由于系统无开环极点位于 s 右半平面，故 $P=0$，所以 $Z=P-2N=2$，可见闭环系统不稳定，并有两个闭环极点在 s 右半平面。

应用奈奎斯特稳定判据时，如果开环幅相曲线很复杂，计算曲线包围了（-1，j0）

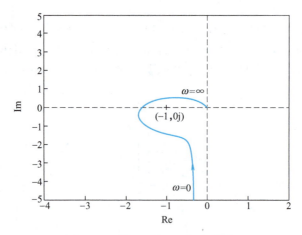

图 4-26 例 4-9 的开环幅相曲线

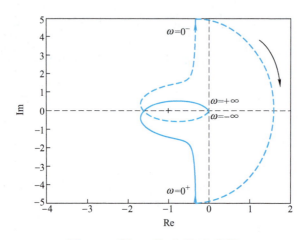

图 4-27 例 4-9 的开环幅相曲线

几圈时容易出错。这里引入正、负穿越的概念，并介绍奈奎斯特稳定判据的另一种描述方式。

开环频率特性曲线由上向下穿越负实轴称为正穿越，由下向上穿越负实轴称为负穿越。正穿越时相位增加，负穿越时相位减少。

奈奎斯特稳定判据可描述为：设 P 为开环传递函数在 s 右半平面的极点数，闭环系统稳定的条件是：当 ω 从 0 变化到 $+\infty$ 时，系统的开环幅相曲线在负实轴上（-1, $j0$）左边区段的正穿越次数与负穿越次数之差等于 $P/2$。

2. 对数频率稳定判据

相对于开环系统的奈奎斯特图来说，Bode 图更容易画出，所以利用 Bode 图来判断闭环系统的稳定性会更加方便。采用开环系统的 Bode 图，也即开环对数频率特性来判别闭环系统的稳定性，就是对数频率稳定判据。

这里的主要问题是在奈奎斯特图中，曲线在点（-1, $j0$）的左方正负穿越实轴的情况如何反映到 Bode 图中。

仔细观察，奈奎斯特图和 Bode 图存在着一定的对应关系。奈奎斯特图上的负实轴对应着 Bode 图上相频特性的 $\varphi(\omega) = -180°$ 线。奈奎斯特图上正负穿越负实轴对应着 Bode 图上的对数相频特性曲线正负穿越 $\varphi(\omega) = -180°$ 线，如图 4-28 所示。

奈奎斯特图上 $|G(j\omega)|=1$ 的单位圆与 Bode 图对数幅频特性的 0dB 线相对应。单位圆外部的区域对应于对数幅频特性图中 0dB 以上的区域。

可见奈奎斯特图在 (-1, j0) 的左方正、负穿越实轴的次数，等效为在 Bode 图中，对数幅频特性 $L(\omega)>0$ 时，相频特性曲线正、负穿越 $\varphi(\omega) = -180°$ 线的次数。

采用对数频率特性分析闭环系统稳定性的奈奎斯特判据可表述如下：闭环系统稳定的充要条件是，当 ω 由 0 变到 $+\infty$ 时，在开环对数幅频特性 $L(\omega)>0$ 的所有频段内，对数相频特性曲线 $\varphi(\omega)$ 对 $-\pi$ 线的正穿越次数与负穿越次数之差为 $P/2$，P 为 s 右半平面开环极点的数目。

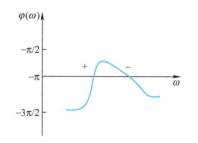

图 4-28 对数相频特性曲线正负穿越

当系统含有积分环节时，对数频率特性曲线需要做相应的改动，增加 ω 由 0 变到 0^+ 时的曲线部分。设 γ 为积分环节数目，当 ω 由 0 变到 0^+ 时，对数相频特性曲线 $\varphi(\omega)$ 应在 ω 趋于 0 处，由上而下补画 $\gamma\pi/2$。计算正、负穿越次数时，应包含补画的曲线部分。

例 4-10 设系统开环传递函数为

$$G_k(s) = \frac{200}{s(1+0.2s)(1+0.02s)}$$

试用对数频率稳定判据，判断闭环系统的稳定性。

解：开环系统的频率特性为

$$G_k(j\omega) = \frac{200}{j\omega(1+j0.2\omega)(1+j0.02\omega)}$$

系统没有 s 右半平面的极点，即 $P=0$。

对数频率特性曲线如图 4-29 所示。由图 4-29 可见，在幅频特性大于 0dB 时，对数相频特性曲线有一次负穿越。正负穿越的次数差为 -1，不等于 $P/2$，所以闭环系统不稳定。

4.2.5 根据开环频率特性分析控制系统的动态性能

1. 稳定裕度

一个控制系统要能正常工作，首先它必须是稳定的。控制系统是否稳定是一个绝对稳定性的概念。这里还有一个相对稳定性的概念，即系统的稳定程度或称为稳定裕度。设计一个系统时，不仅要求它稳定，而且还要求它必须有一定的稳定裕度。这样才能保证不会由于建模和计算时的简化处理，或者系统参数发生变化时导致系统不稳定。对于开环和闭环都稳定的系统，开环幅相曲线越接近点 (-1, j0)，系统相对稳定性就越差，相反，离得越远，相对稳定性就越好。因此一般使用开环幅相曲线离点 (-1, j0) 的距离来表示稳定裕度。稳定裕度包括相位裕度和幅值裕度。

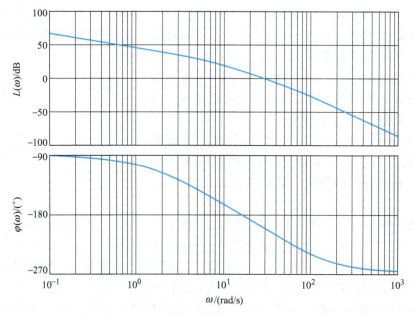

图 4-29 例 4-10 的对数频率特性曲线

(1) 相位裕度　如图 4-30 所示,开环幅相曲线穿越单位圆的点对应的频率称为剪切频率,用 ω_c 表示。此时,$G(j\omega)$ 的幅值 $A(\omega)=1$。

开环幅相曲线在 ω_c 处的相位与 $-180°$ 的差定义为相位裕度,用 γ 表示。

$$\gamma = 180° + \varphi(\omega_c)$$

相位裕度的物理意义在于：稳定系统在剪切频率 ω_c 处,若相位再滞后一个 γ 角度,则系统处于临界稳定状态；若相位滞后大于 γ,则系统将变成不稳定状态。

在 Bode 图中,由于 $L(\omega_c) = 20\lg A(\omega) = 0\text{dB}$,故相位裕度表现为 $L(\omega) = 0\text{dB}$ 处的相位 $\varphi(\omega_c)$ 与 $-180°$ 水平线之间的角度差,如图 4-31 所示。

在工程实际中,通常要求 γ 在 $30° \sim 60°$ 之间,过高的相位裕度也很难实现。

(2) 幅值裕度　如图 4-30 所示,开环幅相曲线与负实轴交点处的频率称为交界频率,用 ω_g 表示,此时幅相曲线的幅值为 $A(\omega_g)$,相位为 $\varphi(\omega) = -180°$。

将 $G(j\omega)$ 与负实轴的交点到虚轴距离的倒数,定义为幅值裕度,即 $1/A(\omega_g)$,用 K_g 表示。

$$K_g = 1/A(\omega_g)$$

在 Bode 图中,幅值裕度为

$$20\lg K_g = 20\lg \frac{1}{A(\omega_g)} = -20\lg A(\omega_g)$$

幅值裕度的物理意义在于：幅值裕度表示开环频率特性曲线在负实轴上距离点 $(-1, j0)$ 的远近程度。稳定系统的开环增益再增大为原来的 K_g 倍,则 $\omega = \omega_g$ 处的幅值 $A(\omega_g) = 1$,曲线正好通过点 $(-1, j0)$,系统处于临界稳定状态；若开环增益增大为原来的 K_g 倍以上,则系统将变成不稳定的状态。

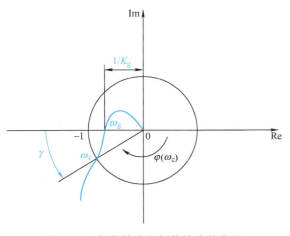

图 4-30 相位裕度和幅值裕度的定义

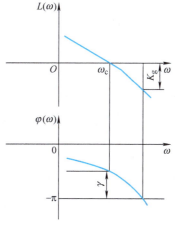

图 4-31 稳定裕度在 Bode 图上的表示

在工程实际中,通常要求幅值裕度大于 6dB。

2. 开环频域指标与系统动态性能的关系

开环频域指标有剪切频率(截止频率)ω_c、相位裕度 γ 和幅值裕度 K_g。常采用剪切频率 ω_c、相位裕度 γ 作为开环频域指标分析系统的动态性能。由时域指标最大超调量 $\sigma\%$ 和调节时间 t_s 来描述系统的动态性能具有直观和准确的优点,要使用开环频率特性来评价系统的动态性能,首先得找到开环频域指标剪切频率 ω_c、相位裕度 γ 和时域指标 $\sigma\%$、t_s 的关系。

(1)二阶系统 典型二阶系统的开环传递函数为

$$G_k(s) = \frac{\omega_n^2}{s(s+2\zeta\omega_n)} \ (0<\zeta<1)$$

开环频率特性为

$$G_k(j\omega) = \frac{\omega_n^2}{j\omega(j\omega+2\zeta\omega_n)} \ (0<\zeta<1)$$

1)相位裕度 γ 与超调量 $\sigma\%$ 的关系。

开环幅频特性为 $A(\omega) = \dfrac{\omega_n^2}{\omega\sqrt{\omega^2+(2\zeta\omega_n)^2}}$;

相频特性为 $\varphi(\omega) = -90° - \arctan\dfrac{\omega}{2\zeta\omega_n}$。

当 $\omega=\omega_c$ 时,$A(\omega_c)=1$,可求解得截止频率 $\omega_c = \omega_n\sqrt{-2\zeta^2+\sqrt{4\zeta^2+1}}$。

再将 $\omega=\omega_c$ 代入相频特性公式,结合相位裕度计算公式,可得系统的相位裕度为 $\gamma(\omega_c)=180°+\varphi(\omega_c)=90°-\arctan\dfrac{\omega_c}{2\zeta\omega_n}=\arctan\dfrac{2\zeta\omega_n}{\omega_c}=\arctan\dfrac{2\zeta}{\sqrt{-2\zeta^2+\sqrt{4\zeta^2+1}}}$

另一方面,从时域分析中可知最大超调量 $\sigma\% = e^{-\zeta\pi/\sqrt{1-\zeta^2}} \times 100\%$。从计算公式可以看以,$\sigma\%$、$\gamma$ 和 ζ 具有一一对应的关系。ζ 越小,则 γ 越小,而 $\sigma\%$ 越大;ζ 越大,则 γ 越大,而 $\sigma\%$ 越小。

2) γ 和 ω_c 及 t_s 的关系。

在时域分析中可知，取 $\Delta = 0.05$，则二阶系统的调节时间为 $t_s = \dfrac{3}{\omega_n \zeta}$，通过数学推导可以得出

$$t_s \omega_c = 6/\tan\gamma$$

可见，如果相位裕度 γ 已经给定，那么 ω_c 与 t_s 成反比。ω_c 较大的系统，其调节时间 t_s 较短，系统响应速度也就越快。在对数频率特性中，ω_c 是一个重要的参数，它不仅影响系统的相位裕度，也影响系统的暂态过程时间。

(2) 高阶系统　高阶系统性能指标之间的关系比较复杂，要准确地推导出开环频域指标（γ 和 ω_c）与时域指标（$\sigma\%$ 和 t_s）之间的关系是困难的。在控制工程分析与设计中，通常采用下述两个近似公式，用开环频域指标估算系统的时域性能。

$$\sigma\% = \left[0.16 + 0.4\left(\dfrac{1}{\sin\gamma} - 1\right)\right] \times 100\% \quad (35° < \gamma < 90°)$$

$$t_s = \dfrac{\pi}{\omega_c}\left[2 + 1.5\left(\dfrac{1}{\sin\gamma} - 1\right) + 2.5\left(\dfrac{1}{\sin\gamma} - 1\right)^2\right] \quad (35° < \gamma < 90°)$$

由计算公式可知，随着 γ 的增大，最大超调量 $\sigma\%$ 和调节时间 t_s 都将减小。

4.2.6　根据闭环频率特性分析控制系统的动态性能

根据系统的闭环频率特性曲线不容易看出系统的结构和各个环节的作用，工程设计较少使用闭环频率特性曲线。但有时也会利用系统闭环频率特性曲线的一些特征量，如峰值和频带，进一步对系统进行分析和性能估算。

1. 闭环频率指标

图 4-32 是系统的闭环对数幅频特性曲线。常用的几个特征量有谐振峰值 M_r、谐振频率 ω_r、带宽频率 ω_b。这些特征量又称频域性能指标，它们在很大程度上能够间接地表明系统动态过程的品质。

1) 谐振峰值 M_r：指 ω 由 0 到 ∞ 时，闭环幅频特性最大值。它反映了系统的相对稳定性。一般 M_r 值越大，则系统阶跃响应的超调量也越大。

2) 谐振频率 ω_r：指谐振峰值的频率。它在一定程度上反映了系统动态响应的速度，ω_r 越大，则动态响应越快。

3) 频带宽度 ω_b：幅频特性 $M(\omega)$ 的数值从 M_0 衰减到 $0.707 M_0$ 时所对应的频率，称为带宽频率，从 0 到带宽频率的一段范围称为频带宽度或通频带，用 ω_b 表示。通频带越大，表明系统复现高频信号的能力越强，失真小，系统快速性好，阶跃响应上升时间和调节时间短。但另一方面，系统抑制输入端高频噪声的能力相应削弱。

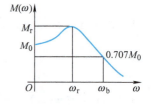

图 4-32　闭环对数幅频曲线

2. 闭环频域指标与时域性能指标的关系

(1) 典型二阶系统　典型二阶系统的开环传递函数为

$$G_k(s) = \dfrac{\omega_n^2}{s(s + 2\zeta\omega_n)} \quad (0 < \zeta < 1)$$

闭环传递函数为

$$G_b(s) = \frac{\omega_n^2}{s^2 + 2\zeta\omega_n s + \omega_n^2} \quad (0 < \zeta < 1)$$

对应的闭环频率特性为

$$G_b(j\omega) = \frac{\omega_n^2}{(j\omega)^2 + 2\zeta\omega_n(j\omega) + \omega_n^2} = \frac{\omega_n^2}{(\omega_n^2 - \omega^2) + 2\zeta\omega_n(j\omega)} (0 < \zeta < 1)$$

其闭环幅频特性为

$$M(\omega) = \frac{\omega_n^2}{\sqrt{(\omega_n^2 - \omega^2)^2 + (2\zeta\omega_n\omega)^2}}$$

1)谐振峰值 M_r 与超调量 $\sigma\%$ 的关系。出现峰值 M_r 时对应的频率为谐振频率,用 ω_r 表示。可以令 $\dfrac{\mathrm{d}M(\omega)}{\mathrm{d}\omega} = 0$,得谐振频率为

$$\omega_r = \omega_n\sqrt{1 - 2\zeta^2} \quad (0 < \zeta < 0.707)$$

故闭环幅频待性的峰值为

$$M_r = \frac{1}{2\zeta\sqrt{1-\zeta^2}} (0 < \zeta < 0.707)$$

当 $0 \leq \zeta \leq 0.707$ 时,频率特性谐振峰值 M_r、ζ 与 $\sigma\%$ 的关系如图 4-33 所示。

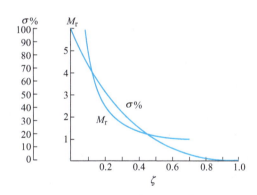

图 4-33 M_r、ζ 与 $\sigma\%$ 的关系

M_r 越小,ζ 越大。M_r 值越大,ζ 越小,系统的动态过程超调量大,收敛慢,平稳性和快速性都较差。

2)ω_b 与 t_s 的关系。根据通频带的定义,在频率 ω_b 处,典型二阶系统闭环频率特性的幅值为

$$A(\omega_b) = \frac{\omega_n^2}{\sqrt{(\omega_n^2 - \omega_b^2)^2 + (2\zeta\omega_n\omega_b)^2}} = 0.707$$

由此得出带宽频率 ω_b 与 ω_n 和 ζ 的关系为

$$\frac{\omega_b}{\omega_n} = \sqrt{1 - 2\zeta^2 + \sqrt{2 - 4\zeta^2 + 4\zeta^4}}$$

从时域分析可知,系统的调节时间 $t_s = 3/(\zeta\omega_n)$,即 $\omega_n t_s = 3/\zeta$,从而有

$$\omega_b t_s = \frac{3}{\zeta}\sqrt{1-2\zeta^2+\sqrt{2-4\zeta^2+4\zeta^4}}$$

因此，在 ζ 一定的情况下，t_s 与 ω_b 成反比，ω_b 越大，则 t_s 越短。因此，ω_b 表征了闭环控制系统的响应速度。

(2) 高阶系统　高阶系统性能指标之间的关系复杂。如果高阶系统的性能主要受一对共轭复数极点影响，则可以采用二阶系统指标间的关系式来近似表示。一般情况下，常用下列两个经验公式对高阶系统进行分析和估算。

$$\sigma\% = [0.16+0.4(M_r-1)]\times 100\% \;(1<M_r<1.8)$$

$$t_s = \frac{\pi}{\omega_c}[2+1.5(M_r-1)+2.5(M_r-1)^2]\;(1<M_r<1.8)$$

4.3　频域分析扩展知识

本项目扩展知识主要探讨使系统的动态响应达到指标要求的措施。要保证系统的动态响应性能达标，必须保证系统中各个环节（或元件），特别是反馈回路中元件的参数具有一定的精度和恒定性，同时可从减少截止频率和增加相位裕度入手。此外一般还可以采取以下方法。

1. 增大系统开环放大系数

增大系统开环放大系数，有利于减小系统的稳态误差。不过，在大多数情况下，对于高阶系统，系统开环放大系数的增加有可能使系统稳定性变差。可考虑在增加开环放大系数的同时附加校正装置，以确保系统的稳定性。

2. 在系统前向通道或主反馈通道中串联积分环节

在系统中串联积分环节，增加系统型别，会使低频段的斜率变小，减小截止频率，增加相位裕度，有利于减小或消除输入信号作用下的稳态误差。为了减小或消除扰动作用下的稳态误差，串联积分环节的位置应加在扰动作用点之前的前向通道或主反馈通道中。不过，在系统前向通道或主反馈通道中设置串联积分环节，也有可能使系统不稳定。详细内容在项目5中进行介绍。

4.4　MATLAB 频域分析

4.4.1　线性控制系统传递函数到频率特性的转换

线性控制系统的数学模型可以采用传递函数、频率特性等形式表示。在 MATLAB 中可使用函数把传递函数转换成频率特性形式。用 G 表示系统的传递函数，采用 nyquist(G)、bode(G) 函数可得到幅相曲线（奈奎斯特图）和对数幅相特性曲线（Bode 图）。

例如，求取开环传递函数

$$G(s) = \frac{0.2(s+1)}{s(0.3s+1)(0.5s+1)}$$

的幅相曲线和对数幅相特性曲线。

可执行下面的程序：

```
>> num = [0.2 0.1];
>> den = conv([0.3 1],[0.5 1 0]);
>> G = tf(num,den);
>> figure(1);
>> subplot(2,1,1);
>> nyquist(G);
>> subplot(2,1,2);
>> bode(G);
>> grid
```

得到幅相曲线（奈奎斯特图）和对数幅相特性曲线（Bode 图）如图 4-34 所示。

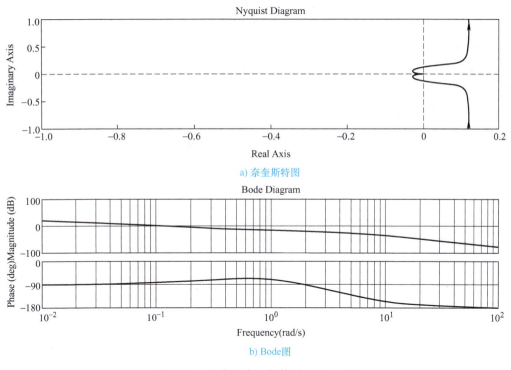

a) 奈奎斯特图

b) Bode 图

图 4-34　系统的奈奎斯特图和 Bode 图

4.4.2　控制系统频率特性分析

使用频率特性分析系统的稳定性，常用的方法是利用奈奎斯特稳定判据，或者利用系统的相位裕度 γ、幅值裕度 K_g 进行判断。在 MATLAB 中使用奈奎斯特稳定判据，可以使用 nyquist 函数或 bode 函数；采用相位裕度 γ 或幅值裕度 K_g，可使用 margin( ) 函数，该函数具体用法如下：

margin（G）

返回 Gm 对应于系统的对数幅值裕度 K_g，Pm 对应于系统的相位裕度 γ。

1. 利用 nyquist( ) 函数或 bode( ) 函数进行系统频域分析

某系统开环传递函数

$$G(s) = \frac{10(0.1s+1)}{s(0.03s+1)(0.01s+1)(0.005s+1)}$$

试用奈奎斯特稳定判据分析系统的稳定性。

MATLAB 程序如下：

```
>> num = 10 * [0.1 1];
>> den = conv(conv([1 0],[0.03 1]),conv([0.01 1],[0.005 1]));
>> G = tf(num,den);
>> figure(1);
>> nyquist(G);
>> figure(2);
>> bode(G);
>> gird
```

运行程序，得到该系统幅相曲线和对数幅相特性曲线分别如图 4-35 和图 4-36 所示。由于开环传递函数位于 s 右半平面的极点个数为 0，而图 4-35 所示幅相频率特性曲线不包围 $(-1, j0)$ 点，因此系统是稳定的。从图 4-36 所示 Bode 图上可以看到，在 $L(\omega) > 0$ 的频段范围内，相频特性曲线 $\varphi(\omega)$ 穿越 $-180°$ 线的次数 $N = 0$，因此也可以判定系统是稳定的。

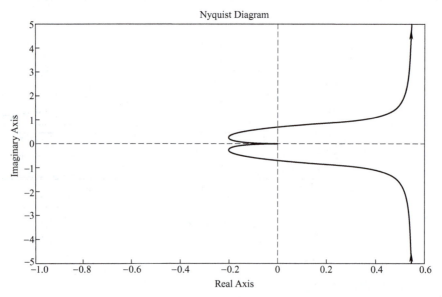

图 4-35　系统幅相曲线

2. 利用 margin( ) 函数进行频域分析

前面的例子，开环传递函数为

$$G(s) = \frac{10(0.1s+1)}{s(0.03s+1)(0.01s+1)(0.005s+1)}$$

试用相位裕度 γ 或幅值裕度 K_g 分析系统的稳定性。

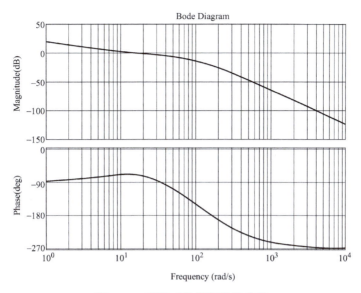

图 4-36 系统对数幅相特性曲线

运行 MATLAB 程序如下：

```
>> num = 10 * [0.1 1];
>> den = conv(conv([1 0],[0.03 1]), conv([0.01 1],[0.005 1]));
>> margin(tf(num,den));
>> grid
```

运行结果如图 4-37 所示。相位裕度 $\gamma = 108°$，幅值裕量 $20\lg K_g = 21.9\text{dB}$。表明 $G(j\omega)$ 曲线未包围 $(-1, j0)$ 点，系统是稳定的。

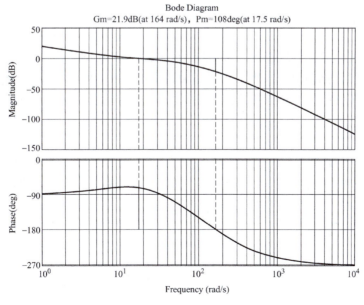

图 4-37 系统裕量的 Bode 图

4.5 自动控制系统频域分析技能训练

4.5.1 训练任务

参考题目

为加深学生对本项目所学知识的理解，培养学生进行简单频域分析的能力，本项目训练任务采用直流电动机转速自动控制系统如图 4-38 所示，以及改进后的直流电动机调速系统如图 4-39 所示，其中，K、K_1 为放大系数，T_m 为时间常数，K_t 为测速反馈系数，K_2 为常数。系统受到常值扰动力矩 $n(t) = -A \cdot 1(t)$，A 为常数。

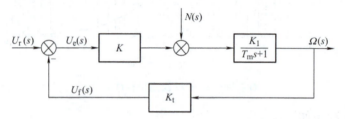

图 4-38　直流电动机转速自动控制系统结构图

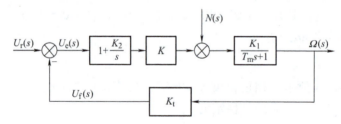

图 4-39　改进后直流电动机转速自动控制系统结构图

任务

1) 比较两系统的开环频域指标，并说明为什么是这个结果。
2) 比较两系统在扰动力矩作用下的闭环频域指标，并说明为什么是这个结果。
3) 根据两系统在扰动力矩作用下所引起的闭环频域指标，讨论 K 对系统的影响。

4.5.2 训练内容

本项目训练内容可参考表 4-10。具体任务可采用本部分如图 4-38 和图 4-39 所示的直流电动机转速自动控制系统，也可以是自选的控制系统，具体要求可由指导教师说明。

表 4-10　自动控制系统频域分析报告书

题目名称	
学习主题	自动控制系统的频域分析能力
重点难点	重点：二阶系统动态性能分析、奈奎斯特稳定判据的应用以及相位裕度和幅值裕度的求取 难点：调整系统稳定性的方法

（续）

训练目标	主要知识能力指标	（1）通过学习，掌握频率特性的基本概念、各个典型环节的频率特性、奈奎斯特稳定判据、对数频率稳定判据、相位裕度、幅值裕度、谐振峰值、谐振频率和通频带的概念及求解方法 （2）掌握手工绘制控制系统的幅相频率特性（奈奎斯特图）与对数频率特性（Bode图）的方法 （3）能应用奈奎斯特判据判定系统的稳定性
	相关能力指标	（1）提高解决实际问题的能力，具有一定的专业技术理论 （2）养成独立工作的习惯，能够正确制订工作计划 （3）培养学生良好的职业素质及团队协作精神
参考资料 学习资源	教材、图书馆相关教材、课程相关网站、互联网检索等	
学生准备	教材、笔、笔记本、练习纸	
教师准备	熟悉教学标准，演示实验，讲授内容，设计教学过程，教材、记分册	
工作步骤	（1）明确任务	教师提出任务	（若用给出的参考题目，为方便计算教师可给出系统的参数值）
	（2）分析过程 （学生借助于资料、材料和教师提出的引导问题，自己做一个工作计划，并拟定出检查、评价工作成果的标准要求）	系统的阶数	
		系统的类型	
		系统的频域指标	
		系统的稳定性	
		MATLAB求系统的频域指标、判断系统的稳定性	
	（3）自己检查 在整个过程中学生依据拟定的评价标准，检查是否符合要求地完成了工作任务		
	（4）小组、教师评价 完成小组评价，教师参与，与教师进行专业对话，教师评价学生的工作情况，给出建议		

4.5.3 考核评价

本任务在掌握好例题与课后习题的基础上，也比较容易完成，可在学生自评、小组互评和教师评价后检验本任务的完成情况，教学检查与考核评价表见表4-11。

表 4-11　教学检查与考核评价表

	检查项目	检查结果及改进措施	应得分	实得分（自评）	实得分（小组）	实得分（教师）
检查	练习结果正确性		20			
	知识点的掌握情况（应侧重二阶系统的频域指标、稳定性判断，适当考虑其性能的改进措施）		40			
	能力控制点检查		20			
	课外任务完成情况		20			
	综合评价		100			

项目总结

本项目主要采用频域分析法分析系统的稳定性，其主要内容有：

- 频率特性是控制系统在频率域的数学模型，它是线性定常系统在正弦信号作用下，稳态输出与输入之比对频率的关系，它反映了系统的静态性能，也反映了系统动态过程的性能。频域分析法的各个性能指标物理意义明确。求取系统的频率特性，可用 $j\omega$ 直接代替传递函数中的 s 得到。

- 频率特性图形包含奈奎斯特图、伯德（Bode）图等形式。利用奈奎斯特图分析闭环系统的稳定性既方便又直观；若要分析某个典型环节的参数变化对系统性能的影响，则 Bode 图最为直观。

- 奈奎斯特稳定判据是用频率特性法分析和设计控制系统的基础，它根据开环频率特性曲线包围 $(-1, j0)$ 点的情况和 s 右半平面上的极点数来判别对应闭环系统的稳定性。同时还可以获得幅值裕度和相位裕度等信息。相应地，在对数频率特性曲线上，采用对数频率稳定判据。对数频率特性曲线是控制系统设计的重要工具。考虑到系统内部和外界变化对系统稳定性的影响，要求控制系统不仅要能稳定地工作，而且还必须有足够的稳定裕度。稳定裕度一般用相位裕度 γ 和幅值裕度 K_g 来表征。用 MATLAB 可以画出频率特性曲线，也可方便地求取系统得稳定裕度。

- 利用频域动态指标可间接评估系统的时域动态指标。开环频域指标（相位裕度 γ、幅值裕度 K_g 和截止频率 ω_c）和闭环频域指标（谐振峰值 M_r、谐振频率 ω_r 和带宽频率 ω_b）与时域动态指标（最大超调量 $\sigma\%$、上升时间 t_s）有一一对应的关系。

本项目所介绍的内容结构可用图 4-40 表示。

图 4-40　项目 4 内容结构图

习 题

4-1 选择题

(1) 开环频域性能指标中,相位裕度 γ 对应时域性能指标是(　　)。

A. 超调量　　　　B. 稳态误差　　　　C. 调整时间　　　　D. 峰值时间

(2) 以下选项属于控制系统的开环频率特性指标的是(　　)。

A. 谐振峰值 M_r　　B. 谐振频率 ω_r　　C. 带宽频率 ω_b　　D. 剪切频率 ω_c

4-2 填空题

(1) 系统对正弦输入信号的稳态响应称为系统的频率响应;系统频率响应与正弦输入信号之间的关系称为_____。

(2) 系统的开环传递函数是 $\dfrac{K(T_1 s+1)}{s^2(T_2 s+1)}$,则开环幅频特性是_____,相频特性是_____。

(3) 频域性能指标和时域性能指标有着对应的关系。开环频域性能指标剪切频率 ω_c 对应时域性能指标_____,它们反映系统动态过程的_____。

(4) 线性系统的对数幅频特性纵坐标取值为_____,横坐标取值为_____。

4-3 已知系统开环传递函数 $G(s)=\dfrac{10}{s(2s+1)(s^2+0.5s+1)}$,求当 $\omega=2$ 时,幅频特性 $A(\omega)$ 和相频特性 $\varphi(\omega)$ 的值。

4-4 设系统开环频率特性曲线如图 4-41 所示,且系统均没有位于 s 右半平面的开环极点,判断闭环系统是否稳定。

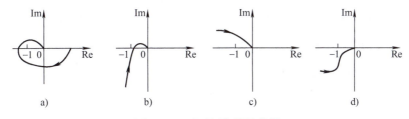

图 4-41 开环频率特性曲线

4-5 设单位负反馈控制系统的开环传递函数为 $G(s)=\dfrac{\tau s+1}{s^2}$,确定相位裕度为 45°时 τ 的值。

项目5 自动控制系统的校正

学习目标

职业技能	掌握完善系统指标的校正方法
职业知识	掌握系统一般的校正方法
职业素养	通过本项目学习，加深学生对以前所学的知识的理解，培养学生具有分析及改善系统性能技能，培养学生准确分析系统特点的意识

教学内容及要求

知识要求	正确理解系统的设置与校正的基本概念，熟悉超前、滞后网络的特性；理解串联校正设计的原理，熟练掌握串联校正的步骤和方法；理解反馈校正和复合校正的作用，掌握运用反馈校正和复合校正提高系统性能的方法
技能要求	根据系统的稳定性及指标设计校正环节，完善系统性能
实践内容	在 MATLAB 软件中，根据所学的知识设计校正环节，提高系统的各项性能指标
教学重点	校正的方式及装置，各种校正的特点及步骤
教学难点	校正方法的确定，各种校正的特点及步骤

项目分析

本项目以分析系统性能指标为基础，如系统不能满足所要求的性能指标，则需进行校正，学生在学习本项目时应了解自动控制系统校正概念，掌握自动控制系统校正装置的基本特性，熟练运用串联校正法，对系统进行改造，在实践环节中能应用本项目所学知识按性能指标校正系统。

项目实施方法

5.1 项目导读

通过前面项目的学习,我们知道建立自动控制系统的数学模型的目的在于对自动控制系统进行定性及定量上的分析,而对自动控制系统进行性能分析的目的则在于"认识"系统,通过分析找出那些不满足系统稳定性、稳态性能和动态性能等性能指标的原因,从而通过人工干涉的方法,对系统进行改进。对于一个控制系统,改善系统性能的最直接和简便的方法是通过调节系统的某个参数,如通过调节系统的开环放大倍数来改善系统的稳态性能,有些系统可以通过这种方法来实现。但对于许多实际的控制系统,仅通过调节系统的某一个参数,无法兼顾提高系统的各方面性能,实际上系统的性能指标对于某一参数的依赖是相矛盾的。因此为改善系统的总体性能,人们往往要在系统中附加装置,来对系统进行结构上的校正,从而"迫使"系统的性能满足设计要求。

本项目主要介绍控制系统的校正。所谓校正,就是根据需要在系统中加入一些机构和装置并确定相应的参数,用以改善系统性能,使其满足所要求的性能指标。系统校正的目的在于"改进"系统。本项目在分析直流电动机转速自动控制系统时间响应的全部信息的基础上改进系统性能。

5.1.1 基本要求

设直流电动机转速自动控制系统的开环传递函数为 $G_k = \dfrac{20}{s(0.5s+1)}$,系统为单位负反馈,回顾项目3中所介绍的时域性能指标以及项目4中所介绍的频域性能指标,并考虑如下问题:

1)如何求出系统性能指标 $\sigma\%$, t_s?
2)如何降低系统的最大超调量使其满足 $\sigma\% \leqslant 25\%$?如何减小系统的调整时间 $t_s \leqslant 1$?
3)在频域中如何改善系统的稳定性、稳态精度以及提高系统的快速性?
4)如何求出系统的相位裕度?如何使相位裕度 $\gamma' > 50°$?

5.1.2 扩展要求

1)时域性能指标与频域性能指标有没有关系?
2)查阅相关资料,提高系统性能指标的措施有哪些?

5.1.3 学生需提交的材料

直流电动机调速系统校正分析报告书一份。

5.2 自动控制系统校正基础知识

5.2.1 基本概念

1. 性能指标

工程上，对不同的控制系统有不同的性能指标，或对同一控制系统有不同形式的性能指标。控制系统的经典设计方法习惯于在频域里进行，因此常用频域性能指标。然而时域指标具有直观、便于量测等优点，因而在许多场合下采用时域性能指标。

性能指标的提法虽然很多，但大体上可归纳为三大类，即稳态指标、时域动态指标和频域动态指标，这些内容在项目3和项目4里已做过介绍，下面只做简单的归纳。

（1）**稳态指标** 稳态指标是衡量系统稳态精度的指标。控制系统稳态精度的表征是稳态误差 e_{ss}，有时用稳态位置误差系数 K_P、稳态速度误差系数 K_V、稳态加速度误差系数 K_a 来表示。

（2）**时域动态指标** 时域动态指标通常为上升时间 t_r、峰值时间 t_P、调节时间 t_s、最大超调量 $\sigma\%$ 等。

（3）**频域动态指标** 频域动态指标分开环频域指标和闭环频域指标两种。开环频域指标指相位裕度 γ、幅值裕度 K_g 和截止频率 ω_c 等。闭环频域指标指谐振峰值 M_r、谐振频率 ω_r 和带宽频率 ω_b 等。频域分段特性为低频段反映稳态特性；中频段反映动态特性；高频段反映抗噪声能力。

时域动态指标和频域动态指标通常通过下面近似公式进行互换。二阶系统频域动态指标与时域动态指标的关系为

谐振峰值 $M_r = \dfrac{1}{2\zeta\sqrt{1-\zeta^2}}$ $0 \leqslant \zeta \leqslant \dfrac{\sqrt{2}}{2} \approx 0.707$

谐振频率 $\omega_r = \omega_n\sqrt{1-2\zeta^2}$

带宽频率 $\omega_b = \omega_n\sqrt{1-2\zeta^2 + \sqrt{(1-2\zeta^2)^2 + 1}}$

截止频率 $\omega_c = \omega_n\sqrt{\sqrt{4\zeta^4+1} - 2\zeta^2}$

相位裕度 $\gamma = \arctan\dfrac{2\zeta}{\sqrt{\sqrt{4\zeta^4+1} - 2\zeta^2}}$

最大超调量 $\sigma\% = e^{-\frac{\pi\zeta}{\sqrt{1-\zeta^2}}} \times 100\%$

调节时间 $t_s = \dfrac{4}{\zeta\omega_n}, \omega_c t_s = \dfrac{8}{\tan\gamma}\omega$

需要说明的是，性能指标的提出，应符合实际系统的需要与可能。一般地，性能指标不应当比完成给定任务所需要的指标高。若系统较高的稳态工作精度是必须具备的，则不必对系统的动态性能提出不必要的过高要求。实际系统能具备的各种性能指标，会受到组成元部件的固有误差、非线性特性、能源的功率以及机械强度等各种实际物理条件的制约。如果要

求控制系统应具备较快的响应速度，则应考虑系统能够提供的最大速度和加速度，以及系统容许的强度极限。除了一般性指标外，系统往往还有一些特殊要求，如低速平稳性、对变载荷的适应性等，这些特殊要求也必须在系统设计时分别加以考虑。

2. 校正装置

一般来说，仅由受控对象、执行机构、阀门，以及检测装置等原系统的基本部分所构成系统性能较差，难以满足对系统提出的技术要求，甚至是不稳定的，因此必须引入附加装置进行校正，这样的附加装置叫作校正装置（或补偿装置、调节器、控制器）。校正装置的形式很多，可以是电路、机械装置、液压装置、气动装置，也可能是一个软件等。

3. 校正方式

根据校正装置在系统中连接方式的不同，可分为串联校正、反馈校正和复合校正等方式。

（1）串联校正　校正装置与原系统在前向通道串联，称为串联校正，如果 $G_c(s)$ 表示校正装置的传递函数，串联校正系统的框图如图 5-1 所示。

串联校正的接入位置应视校正装置本身的物理特性和原系统的结构而定。一般情况下，对于体积小、重量轻、容量小的校正装置（电器装置居多），常加在系统信号容量不大的地方，即比较靠近输入信号的前向通道中。相反，对于体积、重量、容量较大的校正装置（如无

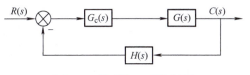

图 5-1　串联校正系统框图

源网络、机械、液压、气动装置等），常串接在容量较大的部位，即比较靠近输出信号的前向通道中。串联校正的主要问题是对参数变化的敏感性较强。串联校正从设计到具体实现均比较简单，是设计中最常使用的。

（2）反馈校正　由原系统的某一元件引出反馈信号构成局部负反馈回路，校正装置设置在这一局部反馈通道上，如图 5-2 所示，则称为反馈校正。

由于反馈校正装置的输入端信号取自于原系统的输出端或原系统前向通道中某个环节的输出端，信号功率一般都比较大，因此，在校正装置中不需要设置放大电路，有利于校正装置的简化。但由于输入信号功率比较大，校正装置的容量和体积相应要大一些。反馈校正的

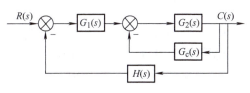

图 5-2　反馈校正系统框图

一个显著优点是可以抑制系统的参数波动及非线性因素对系统性能的影响，但是反馈校正的设计相对较为复杂。

（3）复合校正　复合校正是将校正装置 $G_c(s)$ 前向并接在原系统前向通道的一个或几个环节上，如图 5-3 所示。它比串联校正多一个连接点，即需要一个信号取出点和一个信号加入点。

复合校正可以改善和提高系统的动态性能，减少积分环节，从而较好地解决了稳定性和精度（准确性）的矛盾。

对于一个待定的系统而言，究竟采用何种校正方式，主要取决于系统中信号的性质、技

术方便程度、可供选择的元件、经济性和其他性能要求（抗干扰性、环境适应性等）。

一般来说，串联校正比反馈校正设计简单，也比较容易对信号进行各种必要形式的变换。在直流控制系统中，由于传递的是直流电压信号，因此适于采用串联校正；在交流载波控制系统中，如果采用串联校正，一般应接在解调器和滤波器之后，否则由于参数变化和载频漂移，校正装置的工作稳定性很差。

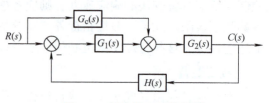

图 5-3 复合校正系统框图

串联校正装置又分无源和有源两类。无源串联校正装置通常由 RC 无源网络构成，结构简单，成本低廉，但会使信号在变换过程中产生幅值衰减，且其输入阻抗较低，输出阻抗又较高，因此常常需要附加放大器，以补偿其幅值衰减，并进行阻抗匹配。为了避免功率损耗，无源串联校正装置通常安置在前向通路中能量较低的部位上。有源串联校正装置由运算放大器和 RC 网络组成，其参数可以根据需要调整，因此在工业自动化设备中，经常采用由电动（或气动）单元构成的比例积分微分（PID）控制器（或称 PID 调节器），它由比例单元、微分单元和积分单元组合而成，可以实现各种要求的控制规律。

在实际控制系统中，还广泛采用反馈校正装置。一般来说，反馈校正所需元件数目比串联校正少。由于反馈信号通常由系统输出端或放大器输出级供给，信号从高功率点传向低功率点，因此反馈校正一般无需附加放大器。此外，反馈校正尚可消除系统原有部分参数波动对系统性能的影响。在性能指标要求较高的控制系统设计中，常常兼用串联校正与反馈校正两种方式或复合校正。

站在系统设计的角度，控制系统的校正又可以看成是控制系统的控制器设计。控制系统的控制器通常采用比例、微分、积分等基本控制规律，以及这些基本控制规律的组合，如比例微分、比例微分、比例积分微分，来实现对被控对象的控制。

5.2.2 基本控制规律——PID 控制

在科学技术尤其是计算机技术迅速发展的今天，虽然涌现出了许多新的控制方法，但 PID 控制仍因其自身的优点而得到了最广泛的应用，PID 控制规律仍是应用最普遍的控制规律，而且许多高级控制都是以 PID 控制为基础的。PID 控制器是最简单且许多时候还是最好的控制器。

PID 控制器由比例（P）单元、积分（I）单元和微分（D）单元组成，它的基本原理比较简单，下面将结合实例讲述 PID 控制。

1. 比例（P）控制规律

比例控制是一种最简单的控制方式，其控制器的输出与输入误差信号呈比例关系。也就是说，具有比例控制规律的控制器称为 P 控制器。它实际上是一个增益可调的放大器，如图 5-4 所示。

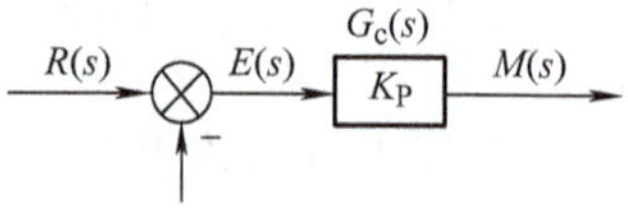

比例控制器的传递函数为

$$G_c(s) = \frac{M(s)}{E(s)} = K_P$$

图 5-4 比例（P）控制器

式中，K_P 为 P 控制器的比例系数，又称为 P 控制器的增益（视情况可设置为正或负）。在串联校正中，提高 P 控制器的增益就是提高控制系统的开环放大系数，这样可以减小系统的稳态误差，提高控制精度，但是会降低系统的相对稳定性，开环放大系数过大还会造成系统的不稳定。因此，在系统校正和设计中 P 控制一般不单独使用。

例 5-1 可进一步说明比例控制作用对系统性能的影响。

例 5-1 设控制系统如图 5-5 所示，其中 $G(s) = \dfrac{1}{(s+1)(2s+1)(3s+1)}$，比例系数分别为 $K_P = 0.1$，1.2，2.8，3.5，4.6，试求各比例系数下系统的单位阶跃响应，并绘制响应曲线。

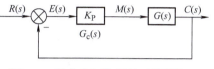

图 5-5 具有比例控制的系统结构图

解：参考程序代码如下：

```
G = tf(1,conv(conv([1,1],[2,1]),[3,1]));  % conv()函数用来计算多项式乘积
kp = [0.1,1.2,2.8,3.5,4.6];
for i = 1:5
        sys = feedback(kp(i)*G,1);  %feedback()函数用来求取反馈连接下总的系统模型
        step(sys)
        hold on
end
gtext('kp = 0.2')
gtext('kp = 1.2')
gtext('kp = 2.8')
gtext('kp = 3.5')
gtext('kp = 4.6')
```

阶跃响应曲线如图 5-6 所示。

从图 5-6 可以看出，随着 K_P 值的增大，系统响应速度加快，系统的超调量随之增加，调节时间也随着增长。读者可试着再进一步增大 K_P，响应曲线会怎样？系统还稳定吗？

2. 比例微分（PD）控制规律

具有比例加微分控制规律的控制器称为 PD 控制器，如图 5-7 所示。PD 控制器的传递函数为

$$G_c(s) = \frac{M(s)}{E(s)} = K_P(1 + \tau s)$$

式中，K_P 为可调比例系数；τ 为可调微分时间常数。

PD 控制器由于采用了微分控制规律，可以反映输入信号的变化趋势，引入早期修正信号，从而增加系统的阻尼程度，提高系统的稳定性。

但是，微分控制规律只有在输入信号变化时才有效，所以单一的微分控制器不能单独使用。另外，由于微分控制规律具有预见信号变化趋势的特点，所以容易放大变化剧烈的噪声。

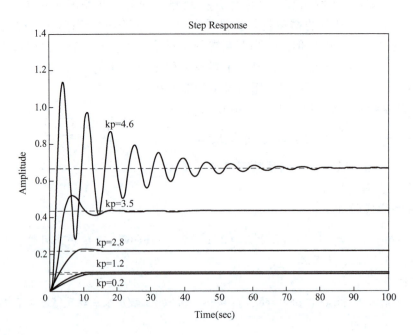

图 5-6 阶跃响应曲线

例 5-2 设控制系统如图 5-5 所示,其中 $G(s) = \dfrac{1}{(s+1)(2s+1)(3s+1)}$,$G_c(s) = K_P(1+\tau s)$,比例系数 $K_P = 2.8$,$\tau = 0, 0.5, 1, 1.5, 6$,试求系统的单位阶跃响应,并绘制响应曲线。

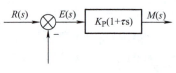

图 5-7 比例微分(PD)控制器

解:参考程序代码如下:

```
G = tf(1,conv(conv([1,1],[2,1]),[3,1]));
kp = 2.8;
Td = [0,0.5,1,1.5,6];   %τ值
for i = 1:5
    G1 = tf([kp*Td(i),kp],1);
    sys = feedback(G1*G,1);
    step(sys)
    hold on
end
```

阶跃响应曲线如图 5-8 所示。

从图 5-8 可以看出,仅有比例控制(τ(Td) = 0)时,系统阶跃响应有相当大的超调量和比较强烈的振荡,随着微分作用的增强,系统的超调量减小,稳定性提高,上升时间缩短,快速性提高。但当微分增大到一定程度(本例中为 $\tau = 6$)时,振荡频率又加快,超调量又增大。实际应用时,微分作用也不是越大越好,应合理选择。

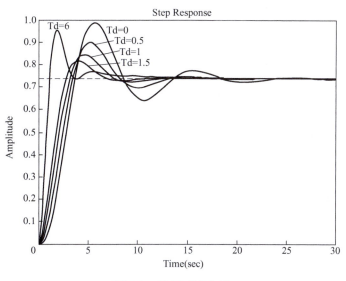

图 5-8 阶跃响应曲线

3. 积分（I）控制规律

具有积分控制规律的控制器称为 I 控制器，如图 5-9 所示。I 控制器的传递函数为

$$G_c(s) = \frac{M(s)}{E(s)} = \frac{K_I}{s}$$

式中，K_I 为可调的比例系数。由于 I 控制器的积分作用，当输入信号变化为零以后，其输出信号可能仍保持为一个非零的常量。

I 控制器可以提高系统的型别，从而消除或减小稳态误差，提高系统的稳态性能指标。但是 I 控制器会降低系统的稳定性，甚至可能造成系统的不稳定。因此，积分控制一般不单独使用，通常构成比例积分（PI）控制器。

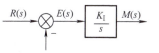

图 5-9 积分（I）控制器

4. 比例积分（PI）控制规律

具有比例积分控制规律的控制器称为 PI 控制器，如图 5-10 所示。PI 控制器的传递函数为

$$G_c(s) = \frac{M(s)}{E(s)} = K_P\left(1 + \frac{1}{T_I s}\right)$$

式中，K_P 为可调放大系数；T_I 为可调积分时间常数。

PI 控制器引入的位于原点的极点可以提高系统型别，从而消除或减小稳态误差，提高系统的稳态性能指标。同时，只要保证积分时间常数 T_I 足够大，可以减弱 I 环节对系统稳定性的不利影响。在实际工程中，PI 控制器主要用来提高控制系统的稳态性能。

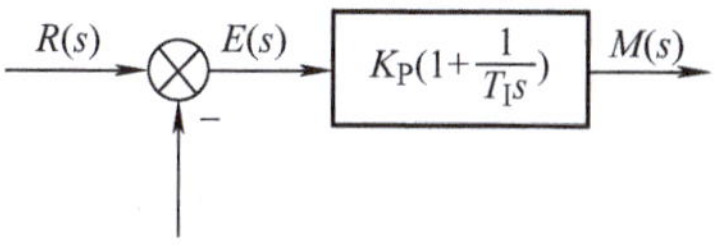

图 5-10 比例积分（PI）控制器

例 5-3 设控制系统如图 5-5 所示，其中 $G(s) = \dfrac{1}{(s+1)(2s+1)(3s+1)}$，$G_c(s) = $

$K_P\left(1+\dfrac{1}{T_I s}\right)$，比例系数 $K_P=2.8$，$T_I=4$，8，10，20，30，试求系统的单位阶跃响应，并绘制响应曲线。

解：参考程序代码如下：

```
G = tf(1,conv(conv([1,1],[2,1]),[3,1]));
kp = 2.8;
Ti = [4,8,10,20,30];% 此处 Ti 为题目中的 T_I
for i = 1:5
    G1 = tf([kp,kp/Ti(i)],[1,0]);
    sys = feedback(G1*G,1);
    step(sys)
    hold on
end
```

阶跃响应曲线如图 5-11 所示。

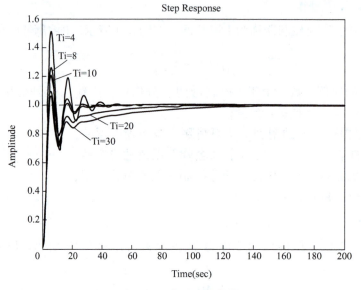

图 5-11　阶跃响应曲线

从图 5-11 可以看出，随着 T_I 值的减小，积分控制作用增强，闭环系统的稳定性变差。读者可试着再进一步减小 T_I，响应曲线会怎样？系统还稳定吗？

5. 比例积分微分（PID）控制规律

具有比例积分微分控制规律的控制器称为 PID 控制器，如图 5-12 所示。这种组合具有三种基本规律各自的特点，PID 控制器的传递函数为

$$G_c(s)=\dfrac{M(s)}{E(s)}=K_P\left(1+\dfrac{1}{T_I s}+\tau s\right)$$

PID 控制器的传递函数还可以写成

$$G_c(s) = \frac{M(s)}{E(s)} = \frac{K_P T_I \tau s^2 + T_I s + 1}{T_I s}$$

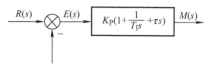

图5-12 比例积分微分（PID）控制器

由上式可知，PID控制器可使系统的型别提高一级，并且还引入两个负实零点。与PI控制器相比，不但保留了改善系统稳态性能的特点，还多提供一个负实零点，在提高系统动态性能上更加优越。

PID控制通过积分控制消除误差，而微分控制可缩小超调量，加快反应，是综合了PI控制与PD控制的长处并去除其短处的控制。PID控制器各部分参数的选择，在系统现场调试时确定。通常，应使I部分发生在系统频率特性的低频段，以提高系统的稳态性能；而使D部分发生在系统频率特性的中频段，以改善系统的动态性能。

PID控制用途广泛，使用灵活，已有系列化控制器产品，使用中只需设定三个参数即可。在很多情况下，并不一定需要3个单元，可以取其中的1~2个单元，不过比例控制单元是必不可少的。

5.2.3 串联校正及其特性

1. 频域校正原则

基于频率响应的校正方法是一种简便的校正方法，它通过引入校正装置改变控制系统的开环频率特性，使系统达到要求的性能指标。控制系统的开环频率特性的形状反映了系统的性能指标。由项目4可知三频段对系统性能的影响非常大，具体表现在：

1）低频段的代表参数是斜率和高度，它们反映系统的型别和增益，表明了系统的稳态性能。

2）中频段是指穿越频率附近的一段区域。代表参数是斜率、宽度（中频宽）、幅值截止频率和相位裕度，它们反映系统的最大超调量和调整时间，表明了系统的动态性能。

3）高频段的代表参数是斜率，反映系统复杂性和噪声抑制能力。

因此，对系统校正的目的是使校正后开环对数幅频特性具有期望的形状，即

1）低频段有足够大的增益，且具有负斜率，以保证系统的稳态精度要求。

2）中频段对数幅频特性过0dB线的斜率为-20dB/dec，并占据一定的频带宽度。

3）高频段增益尽快减小，即高频段的斜率比较大，一般要小于-40dB/dec，削弱噪声的影响。

2. 串联超前校正装置

若校正装置具有超前的相频特性，即输出信号的相位超前于输入信号的相位，则称它为超前校正装置。

（1）无源超前校正装置 典型的无源超前校正装置如图5-13所示

利用复阻抗法，可求出其传递函数为

$$G_c(s) = \frac{1}{\alpha} \frac{1+\alpha Ts}{1+Ts}$$

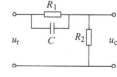

式中，α为衰减因子，$\alpha = (R_1+R_1)/R_2 > 1$；$T = R_1 R_2 C/(R_1+R_2)$。

图5-13 无源超前校正装置

由于 $1/\alpha < 1$，所以校正装置作用于系统后，将会使整个系统（校正后）的开环增益下降为 $1/\alpha$，从而降低系统的稳态性能，为此，应该在校正后的系统中，增大开环增益到系统的开环放大倍数的 α 倍，以补偿由于校正装置的作用造成的放大倍数下降。

因此，研究超前校正装置特性时，只需要研究 $G_c(s) = \dfrac{1 + \alpha T s}{1 + T s}$ 即可。与前面的 PD 控制器相比，可看出超前校正是一种带惯性的 PD 控制器。$G_c(s)$ 的对数频率特性曲线如图 5-14 所示。

由图 5-14 可见超前校正装置的特性如下：

1）在转折频率 $\omega_1 = 1/\alpha T$ 和 $\omega_2 = 1/T$ 之间，装置具有明显的微分作用；在该频率范围内，输出信号相位比输入信号相位超前，超前网络的名称由此而得。

2）在 $\omega = \omega_m$ 处有最大的超前相位角 φ_m，且 ω_m 位于 $\omega_1 = 1/\alpha T$ 和 $\omega_2 = 1/T$ 之间的几何中心，即

$$\omega_m = \frac{1}{T\sqrt{\alpha}} = \sqrt{\frac{1}{\alpha T} \cdot \frac{1}{T}}$$

3）在 $\omega = \omega_m$ 处，获得的超前相位角为

$$\varphi_m = \arcsin \frac{\alpha - 1}{\alpha + 1}$$

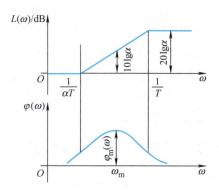

图 5-14　$G_c(s)$ 的对数频率特性曲线

该式表明，衰减系数 α 越大，超前相位角 φ_m 越大，从而微分作用越强，但超前相位 φ_m 的极限值为 90°。

4）在 $\omega = \omega_m$ 处，对数幅频值为 $L(\omega_m) = 10\lg\alpha$。

（2）超前校正装置的设计　超前校正利用校正装置的相位超前特性来增加系统的相位稳定裕度，利用校正装置幅频特性曲线的正斜率段来增加系统的穿越频率，从而改善系统的平稳性和快速性。为此，应使得超前网络的最大超前相位发生在校正后系统的幅值穿越频率 ω_c 处，即校正后的幅值穿越频率 $\omega_c' = \omega_m$，从而使校正网络在 $\omega_c' = \omega_m$ 处产生的超前相位 φ_m 弥补校正前系统相位稳定裕度的不足，这就是超前校正的原理。

依据超前校正的原理，校正的具体步骤是：

1）根据要求的稳态误差或误差系数，确定开环增益 K 值。

具体做法：根据开环对数幅频特性 $L(\omega)$，检验系统的稳态性能。若不满足稳态误差要求，可按照要求增大开环放大倍数 K 值，即将开环对数幅频特性 $L(\omega)$ 向上平移，从而可以确定满足稳态性能要求的开环放大倍数 K 值。

2）利用已知的 K 值，绘制校正前系统的开环对数频率特性，并确定相位裕度 γ。

3）由给定的相位裕度 γ' 计算出需要超前校正装置产生的最大超前相位 $\varphi_m = \gamma' - \gamma + \Delta$。$\Delta$ 为补偿角度，如果原系统在截止频率 ω_c 处的斜率为 $-40\mathrm{dB/dec}$，则一般取 $\Delta = 5° \sim 10°$；如果原系统在截止频率 ω_c 处的斜率为 $-60\mathrm{dB/dec}$，则一般取 $\Delta = 15° \sim 20°$。

4）根据最大超前相位求出 α 值，即 $\alpha = (1 + \sin\varphi_m)/(1 - \sin\varphi_m)$。

5）计算校正装置在 ω_m 处的 $10\lg(1/\alpha)$。在校正前系统的对数幅频特性曲线上找出幅值为 $-10\lg\alpha$ 处的频率，这个频率 $G_c(s)$ 的 ω_m 即是校正后系统的开环截止频率 ω_c''。

6）根据确定的 ω_m 值，求出超前校正装置的转折频率 $\omega_1 = \dfrac{1}{\alpha T} = \dfrac{\omega_m}{\sqrt{\alpha}}$，$\omega_2 = \dfrac{1}{T} = \sqrt{a}\,\omega_m$。

7）绘制校正后的对数频率特性曲线，并验算相位裕度和幅值裕度是否满足要求，若不满足，需增大 Δ 值，从步骤 3）重新进行设计。

例 5-4 设单位反馈控制系统的开环传递函数为 $G_k(s) = \dfrac{4K}{s(s+2)}$，要求稳态速度误差系数 $K_V = 20(1/s)$，相位裕度不小于 $50°$。试设计串联超前校正装置，使系统满足要求的性能指标。

解：1）在设计时，应先根据要求的 K_V 值求出应调整的放大系数 K。因为 $K_V = \lim\limits_{s\to 0} sG_k(s) = \lim\limits_{s\to 0} \dfrac{4K}{s(s+2)} = 2K = 20$，故可求得 $K = 10$。则未校正系统的频率特性为

$$G_k(j\omega) = \dfrac{40}{j\omega(j\omega+2)} = \dfrac{20}{j\omega(0.5j\omega+1)}$$

2）绘制未校正系统的 Bode 图，如图 5-15 的虚线所示。

令 $A(\omega) = |G_k(j\omega)| = 1$，即 $\dfrac{20}{\omega\sqrt{1+(0.5\omega)^2}} = 1$，则 $\omega = \omega_c = 6.2\,\text{rad/s}$。

$$\gamma = 180° + \varphi(\omega) = 180° - 90° - \arctan(0.5 \times 6.2) = 17°$$

这说明未校正系统的相位裕度为 $17°$，不满足系统要求，需进行校正装置的设计。

3）根据题意，$\varphi_m = \gamma' - \gamma + \Delta = 50° - 17° + 5° = 38°$。

4）$\alpha = \dfrac{1+\sin\varphi_m}{1-\sin\varphi_m} = 4.2$

5）再用作图法求 ω_m，因为 $-10\lg a = -10\lg 4.2\,\text{dB} = -6.2\,\text{dB}$，所以在未校正的对数幅频特性曲线 $L(\omega)-\omega$ 上找出与 $-6.2\,\text{dB}$ 所对应的频率 $\omega_m = \omega_c'' = 9\,\text{rad/s}$，这个频率就是校正后系统的截止频率 ω_c''。于是再计算 T，有

$$\omega_1 = \dfrac{1}{\alpha T} = \dfrac{\omega_m}{\sqrt{\alpha}} = 4.4, \quad \omega_2 = \dfrac{1}{T} = \sqrt{a}\,\omega_m = 18.4$$

则 $\alpha T = \dfrac{1}{4.4} = 0.227$，$T = \dfrac{1}{18.4} = 0.054$。故可得超前校正装置的传递函数为

$$G_c(s) = \dfrac{1+0.227s}{1+0.054s}$$

6）校正后系统的开环传递函数为

$$G_k(s)G_c(s) = \dfrac{20(1+0.227s)}{s(1+0.5s)(1+0.054s)}$$

图 5-15 的实线为校正后系统的 Bode 图，点画线是校正装置的 Bode 图。

7）校验。校正系统的开环放大倍数 $K_V = 20$，满足系统的稳态性能要求；校正后的相位裕度 $\gamma' = 50°$，满足稳定性能的要求。

中频段过 0dB 线时的斜率为 $-20\,\text{dB/dec}$，且占据 $14\,\text{rad/s}$ 的频带宽度，所以闭环系统的超调量下降。

由于校正后 $\omega_c'' = 9\,\text{rad/s}$ 大于未校正时的 $\omega_c = 6.2\,\text{rad/s}$，所以闭环系统的频带宽度有效增加，从而使响应速度加快。

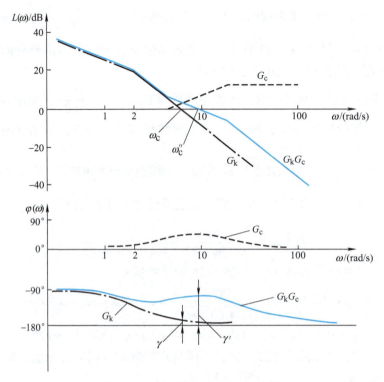

图 5-15 校正前后系统的 Bode 图

若本系统采用图 5-13 所示无源超前校正装置，则可根据 $\alpha = (R_1 + R_1)/R_2$，$T = R_1R_2C/(R_1 + R_2)$ 来选择电路参数。

（3）串联超前校正装置的特点　通过上面的例题，我们可看到串联超前校正装置对系统性能有如下影响：

1）超前校正主要针对系统频率特性的中频段进行校正，使校正后对数幅频特性曲线的中频段斜率为 $-20\mathrm{dB/dec}$，并有足够的相位裕度。

2）超前校正增大了系统的相位裕度和截止频率（剪切频率），从而减小瞬态响应的超调量，提高其快速性。

3）超前校正对提高稳态性能作用不大。

4）超前校正适用于稳态性能已经满足，但动态性能有待改善的系统。

3. 串联滞后校正装置

若校正装置具有滞后的相频特性，即输出信号的相位滞后于输入信号的相位，则称它为滞后校正装置。

（1）无源滞后校正装置　典型的无源滞后校正装置如图 5-16 所示。

利用复阻抗法，可求出其传递函数为

$$G_c(s) = \frac{R_2 + \dfrac{1}{sC}}{R_1 + \dfrac{1}{sC} + R_2} = \frac{1 + sCR_2}{1 + sC(R_1 + R_2)} = \frac{1 + \beta T s}{1 + T s}$$

式中，β 为滞后网络的分度系数，表示滞后的深度，$\beta = R_2/(R_1 + R_2) < 1$；$T = (R_1 + R_2)C$。

$G_c(s)$ 的对数频率特性曲线如图 5-17 所示。

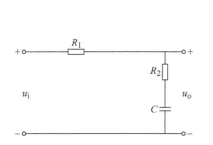

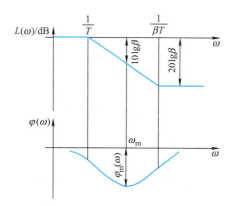

图 5-16 无源滞后校正装置   图 5-17 无源滞后校正装置的 $G_c(s)$ 的对数频率特性曲线

由图 5-17 可见滞后校正装置的特性如下：

1) 在转折频率 $\omega_1 = 1/T$ 和 $\omega_2 = 1/\beta T$ 之间，校正装置具有明显的积分作用；在该频率范围内输出信号相位比输入信号相位滞后，滞后网络的名称由此而得。

2) 在 $\omega = \omega_m$ 处，具有最大的滞后相位角 φ_m，且 ω_m 位于 $\omega_1 = 1/T$ 和 $\omega_2 = 1/\beta T$ 之间的几何中心；$\omega_m = \dfrac{1}{T\sqrt{\beta}} = \sqrt{\dfrac{1}{T} \cdot \dfrac{1}{\beta T}} = \sqrt{\omega_1 \omega_2}$，$\lg \omega_m = \lg \sqrt{\omega_1 \omega_2} = \dfrac{1}{2}(\lg \omega_1 + \lg \omega_2)$。

3) 在 $\omega = \omega_m$ 处，获得的滞后相位角为

$$\varphi_m = \arctan \frac{\beta - 1}{2\sqrt{\beta}} = \arcsin \frac{\beta - 1}{\beta + 1}$$

该式表明，分度系数 β 越大，滞后相位角 φ_m 越大，从而积分作用越强。但滞后前相位 φ_m 的极限值为 $-90°$，此时分度系数 β 为无穷大，从而使物理实现发生困难。

4) 在 $\omega = \omega_m$ 处，对数幅频值为 $L(\omega_m) = 10\lg \beta = \dfrac{1}{2}(0 + 20\lg \beta)$。

（2）滞后校正装置的设计　滞后校正的基本原理是利用滞后校正网络的高频幅值衰减特性，使校正后系统的幅值截止频率下降，借助于校正前系统在该幅值截止频率处的相位，使系统获得足够的相位裕度。

依据滞后校正的原理，校正的具体步骤是：

1) 根据要求的稳态误差或误差系数，确定开环增益 K 值。

具体做法：根据开环对数幅频特性 $L(\omega)$，检验系统的稳态性能。若不满足稳态误差要求，可按照要求增大开环放大倍数 K 值，即将开环对数幅频特性 $L(\omega)$ 向上平移，从而可以确定满足稳态性能要求的开环放大倍数 K 值。

2) 利用已知的 K 值，绘制校正前系统的 Bode 图，并确定截止频率 ω_c 和相位裕度 γ。

3) 由给定的相位裕度 γ'，在校正前的开环对数相频特性曲线上找出这样一个频率，要求在该频率处的相位为 $\varphi = -180° + \gamma' + \Delta$，选择这一频率作为校正后系统的剪切频率 ω_c'。Δ 是为了补偿由滞后校正装置在 ω_c' 处所产生的滞后角，通常取 $\Delta = 5° \sim 12°$。

4) 确定未校正系统在新 ω_c' 处的幅值衰减到 0dB 时所需的衰减量，并令其等于 $-20\lg \beta$，

由此，求出 β 值。

5）选择校正装置的一个转折频率（$G_c(s)$ 的零点）$\dfrac{1}{T} = \left(\dfrac{1}{5} \sim \dfrac{1}{10}\right)\omega'_c$，则另一个转折频率（$G_c(s)$ 的极点）为 $\dfrac{1}{\beta T}$。

6）绘制校正后的 Bode 图，并验算相位裕度是否满足要求。

例 5-5 设单位反馈系统的开环传递函数为 $G_k(s) = \dfrac{K}{s(s+1)(0.5s+1)}$，要求的性能指标为 $K_V = 5\text{s}^{-1}$，相位裕度不小于 $40°$，增益裕量不小于 10dB，试求串联滞后校正装置的传递函数。

解：1）根据稳态指标要求求出 K 值。

$$K_V = \lim_{s \to 0} sG_k(s) = K = 5\text{s}^{-1}$$

则未校正系统的频率特性为 $G_k(j\omega) = \dfrac{5}{j\omega(1+j\omega)(1+j0.5\omega)}$。

2）未校正系统的 Bode 图如图 5-18 所示，从图可得 $\omega_c = 2.15\text{rad/s}$，也可通过近似公式求得，令 $A(\omega) = |G_k(j\omega)| = 1$，则 $\omega = \omega_c = 2.15\text{rad/s}$，则未校正系统的相位裕度为

$$\gamma = 180° + \varphi(\omega) = 180° - 90° - \arctan 2.15 - \arctan(0.5 \times 2.15) = -22°$$

这表明系统不稳定，因此要对系统进行校正。

3）性能指标要求 $\gamma' \geq 40°$，取 $\gamma' = 40°$，为补偿滞后校正装置的相位滞后，取 $\Delta = 12°$，则相位 $\varphi = -180° + \gamma' + \Delta = -128°$，选择使相位为 $-128°$ 的频率为校正后系统的开环截止频率，由图 5-18 可求得 $\varphi(\omega = 0.5) = -128°$，即选择 $\omega'_c = 0.5\text{rad/s}$。

4）选择 $\omega'_c = 0.5\text{rad/s}$，即校正后系统 Bode 图在 $\omega = \omega'_c$ 处应为 0dB。由图 5-18 可求出原系统的 Bode 图在 $\omega = \omega'_c$ 处为 20dB，由此可求出校正装置参数 $-20\lg \beta = 20\text{dB}$，则可得 $\beta = 0.1$。

5）由 $\dfrac{1}{\beta T} = \left(\dfrac{1}{5} \sim \dfrac{1}{10}\right)\omega'_c$ 可求得 T。为使滞后校正装置的时间常数 T 不过分大，取 $\dfrac{1}{\beta T} = \dfrac{1}{5}\omega'_c$，求出 $T = 100$。这样，滞后校正装置的传递函数为

$$G_c(s) = \dfrac{\beta T s + 1}{T s + 1} = \dfrac{10s + 1}{100s + 1}$$

校正后系统的开环传递函数为

$$G_c(s)G_k(s) = \dfrac{5(10s+1)}{s(s+1)(0.5s+1)(100s+1)}$$

校正后系统的 Bode 图如图 5-18 所示，其中实线为校正后系统的 Bode 图，点画线是校正装置的 Bode 图。

6）检验校正后系统是否满足性能指标要求。由图 5-18 可求出校正后系统相位裕度为 $\gamma = 40°$，幅值裕度 $K_g = 11\text{dB}$，且 $K_V = K = 5$，说明校正后系统的稳态、动态性能均满足指标的要求。

若本系统采用图 5-18 所示无源超前校正装置，则可根据 $\beta = R_2/(R_1 + R_2)$，$T = (R_1 + R_2)C$ 来选择电路参数。

（3）串联滞后校正装置的特点　通过例 5-5 可以看到，串联滞后校正装置对系统性能的

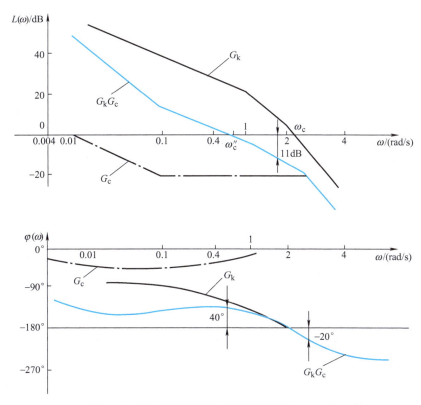

图 5-18 滞后校正装置校正前后系统的 Bode 图

影响有：提高系统的相对稳定性，增强抗干扰能力，但暂态响应速度变慢。具体来讲如下：

1) 滞后校正是通过其低频积分特性来改善系统的品质。

2) 滞后校正是通过降低系统的截止频率来增大相位裕度，因此，它虽然可以减小瞬态响应的超调量，但却降低了系统的快速性。

3) 滞后校正可以改善系统的稳态精度。

4) 滞后校正适用于瞬态性能指标已经满足，但需提高稳态精度的场合。

4. 串联滞后-超前校正装置

这种校正方法兼有滞后校正和超前校正的优点，即已校正系统响应速度快，超调量小，抑制高频噪声的性能也较好。当未校正系统不稳定，且对校正后的系统的动态和静态性能（响应速度、相位裕度和稳态误差）均有较高要求时，显然，仅采用上述超前校正或滞后校正，均难以达到预期的校正效果。此时宜采用串联滞后-超前校正。

串联滞后-超前校正的基本思想是，利用校正装置的超前部分来增大系统的相位裕度，以改善其动态性能；利用它的滞后部分来改善系统的静态性能，两者分工明确，相辅相成。PID 控制器即为一种滞后-超前校正装置。

典型无源滞后-超前校正装置及其 Bode 图如图 5-19 所示。

由图 5-19 可知，滞后-超前校正环节由滞后环节和超前环节组合而成。

对系统进行滞后-超前校正时，可以按前面超前校正和滞后校正的方法分别进行校正，最后合成实现。

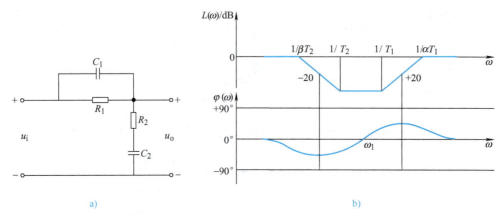

图 5-19 无源滞后超前装置及其 Bode 图

我们知道，超前校正能提高系统的相对稳定性和响应速度，但对稳态性能改善不大；滞后校正能在基本保证原有动态性能的前提下，提高系统的开环增益，从而显著改善系统稳态性能。

综合以上两者特点，采用滞后-超前校正环节，可以同时改善系统的动态性能和稳态性能。但是串联滞后-超前校正分析和设计较为复杂。本项目不再详述，读者可参阅相关资料。

5.2.4 反馈校正及其特性

在工程实践中，为改善系统性能，除了串联校正外，反馈校正也是广泛应用的一种校正方法。反馈校正不仅同串联校正一样可以改善原有系统性能，而且能完成许多串联校正所无法完成的功能。本节介绍反馈校正的原理与特点。

反馈校正的原理如下：用反馈校正装置包围原系统前向通道中，影响系统性能改善的一个或多个环节，形成局部反馈环；在该反馈环的开环对数幅频值远远大于 1 时，整个系统的频率特性或局部反馈环的频率特性主要由校正装置决定，而与被校正装置所包围的部分无关；在系统设计时，只要合理选择校正装置的结构和参数，就可使系统的频率特性朝着期望的目标变化，从而改善系统性能。具体来讲，反馈校正具有以下几方面特点。

1. 比例负反馈可提高系统的快速性

图 5-20 所示为惯性系统加上比例负反馈环节所构成的系统。

当加入比例负反馈环节 K_c 后，系统传递函数为

$$G(s) = \frac{K'}{T's + 1}$$

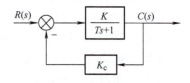

图 5-20 比例负反馈系统

式中，$K' = \dfrac{K}{1 + KK_c}$，$T' = \dfrac{T}{1 + KK_c}$。可见加入比例负反馈后，系统仍为惯性系统，不过放大系数和时间常数都减小。时间常数的减小必然会减弱惯性作用，提高系统的动态响应速度；实际中放大系数的减小，可通过提高前置放大器的增益来补偿。

2. 微分负反馈可提高系统的相对稳定性

图 5-21 所示为二阶系统加上微分负反馈所构成的系统。

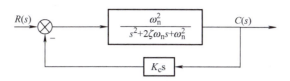

图 5-21 微分负反馈系统

当加入微分负反馈后，系统传递函数为

$$G(s) = \frac{\omega_n^2}{s^2 + (2\zeta\omega_n + K_c\omega_n^2)s + \omega_n^2}$$

显然，校正后系统的无阻尼振荡角频率未变，即 $\omega' = \omega_n$，而阻尼比发生了变化，令 $2\zeta\omega_n + K_c\omega_n^2 = 2\zeta'\omega_n$，则

$$\zeta' = \zeta + \frac{1}{2}K_c\omega_n$$

所以校正后系统的阻尼比增大，超调量减小，提高了系统的相对稳定性。

3. 负反馈可以消除系统中不希望有的环节

在图 5-22 所示系统中，若 $G_2(s)$ 是不希望有的（严重非线性、参数变化较大等）环节，可采用反馈校正装置 $G_c(s)$，把该环节包围在内，构成负反馈内环，通过正确选择校正装置 $G_c(s)$ 的特性，即可达到消除或改善 $G_2(s)$ 对系统性能的不利影响。

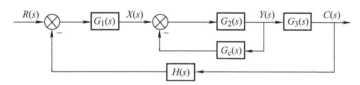

图 5-22 局部负反馈系统

包含 $G_2(s)$ 的内环的传递函数为

$$G(s) = \frac{X(s)}{Y(s)} = \frac{G_2(s)}{1 + G_2(s)G_c(s)}$$

若 $|G_2(s)G_c(s)| \gg 1$，则

$$G(s) = \frac{X(s)}{Y(s)} \approx \frac{1}{G_c(s)}$$

可见，在系统参数选择合适的条件下，局部内环的传递函数与原系统对应部分的传递函数几乎无关，而只与校正装置的传递函数 $G_c(s)$ 有关。另外，也可以利用反馈校正装置实现所希望的特性，此即为反馈校正的实质。

最后比较一下串联和反馈校正装置的优缺点。

串联校正的优点是可以应用无源 RC 网络构成，比较方便，成本也低。其主要缺点是系统中其他元件的参数不稳定时会影响它的作用效果。因而在使用串联校正装置时，通常要对系统元件特性的稳定性提出较高的要求。串联微分网络则对干扰很敏感。

反馈校正的优点是能削弱元件特性不稳定对整个系统的影响，故应用反馈校正装置后对于系统中各元件特性的稳定性要求降低。缺点是反馈校正装置常由一些昂贵而较大的部件所构成,如测速发电机、速度陀螺等。反馈校正通常都需要用较高的放大系数。

5.2.5 复合校正及其特性

线性控制系统的串联校正和反馈校正是常用的校正方法,其共同特点是校正装置均接在闭环控制回路内,系统是通过反馈控制调节的。该种校正方式结构简单,校正装置容易实现。但常常存在系统动态性能和稳态性能、跟随给定与克服扰动之间的矛盾,特别是对于克服低频强扰动信号,一般通过反馈控制进行的系统校正是难以满足要求的。而在一些高精度的系统控制中,常常采用复合控制校正。

补偿信号是通过补偿装置引入的,所以称此系统为复合控制系统,相应的控制方式即为复合控制。利用复合控制方式改善原有系统性能,实现对系统的设计,即为复合校正。具体分为两类。

1. 按扰动补偿的复合校正

按扰动补偿的复合校正系统如图 5-23 所示。其中,$N(s)$ 是可测但不可控的扰动信号,$G_n(s)$ 是前馈补偿装置传递函数,可见系统包括由给定输入 $R(s)$ 经反馈回路控制系统的输出 $C(s)$ 和由扰动输入 $N(s)$ 经前馈补偿通路控制系统的输出 $C(s)$ 两部分,构成一个复合控制系统,实现复合校正。

引入扰动前馈补偿控制通路的目的是通过正确选择补偿装置 $G_n(s)$,使扰动输入 $N(s)$ 不影响系统的输出 $C(s)$ 或大大降低对输出的影响,从而增强系统的抗干扰能力,提高控制精度。

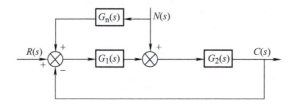

图 5-23 按扰动补偿的复合校正系统

按扰动补偿的复合校正系统,在提高系统抗扰能力的同时,不改变系统的稳定性(即不改变闭环特征方程),它解决了提高系统稳定性和减小稳态误差之间的矛盾,是一种较好的控制方式。

2. 按输入补偿的复合校正

按输入补偿的复合校正系统如图 5-24 所示。其中,$G_r(s)$ 是按补偿给定输入 $R(s)$ 引起的误差而加入的前馈补偿装置传递函数,可见系统包括由给定输入 $R(s)$ 经反馈回路控制系统的输出 $C(s)$ 和由 $R(s)$ 经前馈补偿通路控制系统的输出 $C(s)$ 两部分,构成一个复合控制系统,实现复合校正。

引入给定前馈补偿控制通路的目的是通过正确选择补偿装置 $G_r(s)$,使输出 $C(s)$ 能更好地跟随给定输入的变化,从而提高系统的控制精度按输入补偿的复合校正系统,在提高系统的稳态精度同时,不改变系统的稳定性。

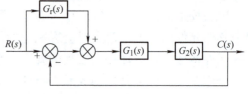

图 5-24 按输入补偿的复合校正系统

无论是按扰动补偿的复合校正，还是按输入补偿的复合校正，都属于前馈控制，而前馈控制属于开环控制，因此要求组成补偿装置的各种元器件具有较高的参数稳定性，否则影响补偿效果，并给系统输出造成新的误差，这点应特别注意。

5.3　自动控制系统校正扩展知识

实际控制系统中广泛采用无源网络进行串联校正，但在放大器级间接入无源校正网络后，由于负载效应问题，有时难以实现希望的规律。此外，复杂网络的设计和调整也不方便。因此，需要采用有源校正装置。有源校正装置是由运算放大器组成的调节器。有源校正装置本身有增益，且输入阻抗高，输出阻抗低，所以目前较多采用有源校正装置。缺点是需另供电源。

1. 比例微分校正装置（有源相位超前校正装置）

图 5-25 为一比例微分校正装置，又称为 PD 调节器。利用复阻抗法可求出其传递函数为 PD 的传递函数：

$$G_c(s) = K_P(1 + \tau s)$$

式中，K_P 为比例放大倍数，$K_P = R_1/R_0$；τ 为微分时间常数，$\tau = R_0 C_0$。

其 Bode 图如图 5-26 所示。从图 5-26 可知，PD 调节器提供了超前相位角，所以 PD 校正也称为超前校正，并且 PD 调节器的对数渐近幅频特性的斜率为 +20dB/dec，因而将它的频率特性和系统固有部分的频率特性相加，使频率特性上移，比例微分校正的作用主要体现在两方面：

1）使系统的中、高频段特性上移（PD 调节器的对数渐近幅频特性曲线的斜率为 +20dB/dec），幅值穿越频率增大，使系统的快速性提高。

2）PD 调节器提供一个正的相位角，使相位裕度增大，改善了系统的相对稳定性。但是，由于高频段上升，降低了系统的抗干扰能力。

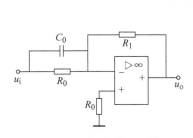

图 5-25　比例微分校正装置

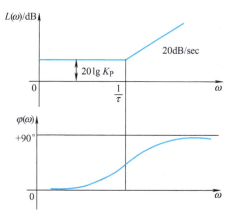

图 5-26　PD 调节器的 Bode 图

例 5-6　设图 5-27 所示控制系统的开环传递函数为 $G_k(s) = \dfrac{200}{s(0.1s + 1)}$，试用 PD 调节器（$K_P = 1$，$\tau = 1/40$）进行串联校正，试比较系统校正前后的性能。

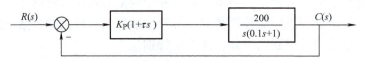

图 5-27　具有 PD 校正的控制系统

解：原系统的 Bode 图如图 5-28 中曲线 $G_k(s)$ 所示。特性曲线以 -40dB/dec 的斜率穿越 0dB 线，截止频率 $\omega_c = 44.2\text{rad/s}$，相位裕度 $\gamma = 12.7°$。

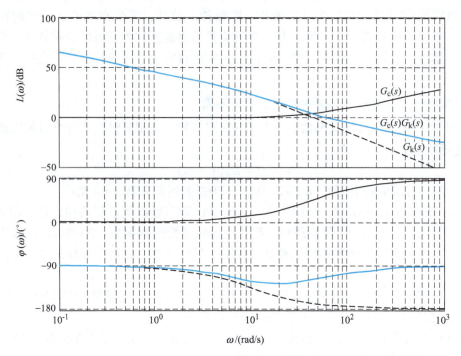

图 5-28　校正装置及校正前后系统的 Bode 图

采用 PD 调节器校正后，其传递函数 $G_c(s) = 1/40s + 1$，Bode 图为图 5-28 中的曲线 $G_c(s)$。校正后的曲线如图 5-28 中的曲线 $G_c(s)G_k(s)$。

由图 5-28 可见，增加比例积分校正装置后：

1) 低频段，$L(\omega)$ 的斜率和高度均没变，所以不影响系统的稳态精度。

2) 中频段，$L(\omega)$ 的斜率由校正前的 -40dB/dec 变为校正后的 -20dB/dec，相位裕度由原来的 12.7°提高为 65.7°，提高了系统的相对稳定性；穿越频率 ω_c 由 44.2rad/s 变为 59.4rad/s，快速性提高。

3) 高频段，$L(\omega)$ 的斜率由校正前的 -40dB/dec 变为校正后的 -20dB/dec，系统抗干扰能力下降。

综上所述，比例微分校正将改善系统的稳定性和快速性，但是抗高频干扰能力下降。

2. 比例积分校正装置（有源相位滞后校正装置）

图 5-29 为一比例积分校正装置，又称为 PI 调节器。
利用复阻抗法可求出其传递函数为 PI 的传递函数为

$$G_c(s) = K_P\left(1 + \frac{1}{T_I s}\right)$$

式中，K_P 为比例放大倍数，$K_P = R_1/R_0$；T_I 为积分时间常数，$T_I = R_1 C_1$。

其 Bode 图如图 5-30 所示。从图 5-30 可见，PI 调节器提供了负的相位角，所以 PI 校正也称为滞后校正。并且 PI 调节器的对数渐近幅频特性在低频段的斜率为 -20dB/dec。因而将它的频率特性和系统固有部分的频率特性相加，可以提高系统的型别，即提高系统的稳态精度。

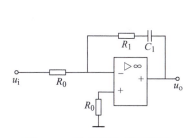

图 5-29 比例积分校正装置

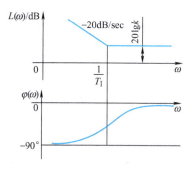

图 5-30 PI 调节器的 Bode 图

例 5-7 设图 5-31 所示控制系统的开环传递函数为 $G_k(s) = \dfrac{10}{s(0.1s+1)}$，试用 PI 调节器 ($K_P = 1$，$T_I = 2$) 进行串联校正，试比较系统校正前后的性能。

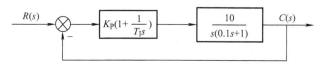

图 5-31 具有 PI 校正的控制系统

解：原系统的 Bode 图如图 5-32 中曲线 $G_k(s)$ 所示。特性曲线低频段的斜率为 -20dB/dec，截止频率 $\omega_c = 7.86\text{rad/s}$，相位裕度 $\gamma = 51.8°$。

采用 PI 调节器校正，其传递函数 $G_c(s) = (2s+1)/2s$，Bode 图为图 5-32 中的曲线 $G_c(s)$。校正后的曲线如图 5-32 中的曲线 $G_c(s)G_k(s)$。

由图 5-32 可见，增加比例积分校正装置后：

1) 在低频段，$L(\omega)$ 的斜率由校正前的 -20dB/dec 变为校正后的 -40dB/dec，系统由 Ⅰ 型变为 Ⅱ 型，系统的稳态精度提高。

2) 在中频段，$L(\omega)$ 的斜率不变，但由于 PI 调节器提供了负的相位角，相位裕度由原来的 51.8°减小为 48.2°，系统的相对稳定性略有降低；穿越频率基本没变。

3) 在高频段，$L(\omega)$ 的斜率不变，对系统的抗高频干扰能力影响不大。

综上所述，比例积分校正虽然对系统的动态性能有一定的副作用，使系统的相对稳定性变差，但它却能将使系统的稳态误差大大减小，显著改善系统的稳态性能。而稳态性能是系统在运行中长期起着作用的性能指标，往往是首先要求保证的。因此，在许多场合，宁愿牺牲一点动态性能指标的要求，也要首先保证系统的稳态精度，这也是比例积分校正获得广泛应用的原因。

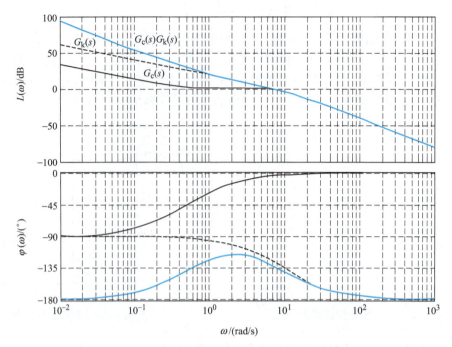

图 5-32　校正装置及校正前后系统的 Bode 图

5.4　MATLAB 频域法校正

本节介绍基于 MATLAB 和 Simulink 的线性控制系统校正问题。首先介绍基于 MATLAB 的线性控制系统串联超前校正和串联滞后校正；然后介绍基于 Simulink 的线性控制系统校正。通过举例掌握利用 MATLAB 和 Simulink 进行线性控制系统校正的方法及步骤。

1. MATLAB 串联超前校正

利用 MATLAB 可以方便地画出 Bode 图并求出幅值裕度和相位裕度。将 MATLAB 应用到经典理论的校正方法中，可以方便地校验系统校正前后的性能指标。通过试探不同校正参数对应的不同性能指标，能够设计出最佳的校正装置。

下面以例 5-4 所示的控制系统为例来了解如何用 MATLAB 来设计串联超前校正装置。

可以首先用下面的 MATLAB 语句得出原系统的幅值裕度与相位裕度。

```
>> Gk = tf(20, [0.5, 1, 0]);        %校正前模型
bode(Gk, '--')                       %校正前系统的 Bode 图
[Gw, Pw, Wcg, Wcp] = margin(Gk)
```

在命令窗口中显示如下结果：

```
Gw  =  Inf     Pw  = 17.9642
Wcg =  Inf     Wcp = 6.1685
```

可以看出，这个系统有无穷大的幅值裕度，并且其相位裕度 $\gamma = 17.9642°$，幅值截止频率 Wcp = 6.1685rad/sec。

引入一个串联超前校正装置：

```
>> phi = 50 - 17 + 5;              %γ 取值 17°
   phim = phi * pi/180;            % 转化为弧度
   a = (1 + sin(phim))/(1 - sin(phim));  % 确定 a 的值
   Mn = -10 * log10(a)             % a 的对数值
```

在命令窗口中显示如下结果：

```
Mn = -6.2364
```

在未校正系统的幅频特性曲线上查出其幅值等于 $-10\lg a$ 对应的频率，可用移动鼠标法在 Bode 图求 Mn = -6.2364 所对应的频率 $\omega_m = \omega_c' = 9\text{rad/s}$，这个频率就是校正后系统的截止频率 ω_c'。然后再由公式 $T = 1/\sqrt{a}\omega_m$ 计算 T。

```
>> T = 1/sqrt(a)/9;
   Gc = tf([a*T,1],[T,1])          % 校正环节的传递函数
```

在命令窗口中显示如下结果：

```
Transfer function:
  0.2278 s + 1
 ---------------
  0.05419 s + 1
>> G = Gc * Gk;
   [Gw, Pw, Wcg, Wcp] = margin(G)
```

在命令窗口中显示如下结果：

```
Gw  = Inf     Pw  = 50.6342
Wcg = Inf     Wcp = 8.9217
```

可以看出，校正后这个系统仍有无穷大的幅值裕量，并且其相位裕度 $\gamma = 50.6342°$，幅值截止频率 Wcp = 8.9217rad/sec。

```
>> hold on
   bode(G)              % 校正后系统的 Bode 图，如图 5-33 所示
   hold on
   bode(Gc, ':')        % 校正装置的 Bode 图，如图 5-33 所示
   grid on
   Gk = feedback(Gk,1)  % 校正前系统开环传递函数
```

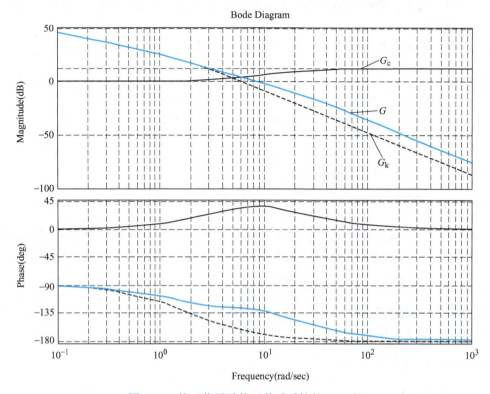

图 5-33　校正装置及校正前后系统的 Bode 图

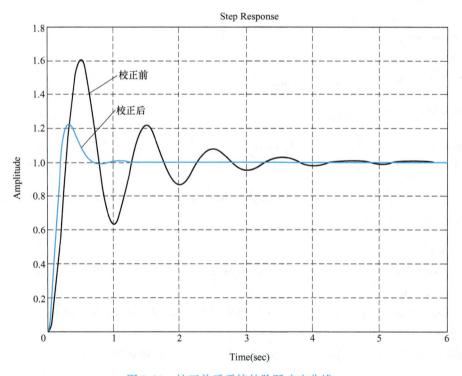

图 5-34　校正前后系统的阶跃响应曲线

在命令窗口中显示如下结果：

```
Transfer function:
       20
-----------------
0.5 s^2 + s + 40

>>    figure;
      step(Gk,'--')        %校正前系统单位阶跃响应曲线，如图 5-34 所示
      hold on
      G = feedback(Gc*Gk,1)   %校正后系统开环传递函数
```

在命令窗口中显示如下结果：

```
Transfer function:
          4.556 s + 20
--------------------------------
0.0271 s^3 + 0.5542 s^2 + 5.556 s + 20

>> step(G)                %校正后系统单位阶跃响应曲线，如图 5-34 所示
   grid on
```

由图 5-33 可以看出，在这样的校正控制器下，校正后系统的相位裕度由 17.9642°增加到 50.6342°。由图 5-34 可以看出，调节时间由 4s 减少到 0.7s。系统的性能有了明显的提高，满足了设计要求。

2. Simulink 校正仿真结构图

设控制系统结构图如图 5-35 所示，建立 Simulink 动态结构图，观察其响应曲线。

加入超前校正装置 $G_c(s) = (0.8s+1)/(0.05s+1)$，进行串联超前校正，观察响应曲线，进行校正前后系统性能指标对比。

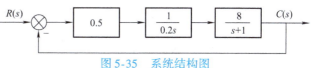

图 5-35 系统结构图

启动 Simulink 并打开一个空白的模型编辑窗口，画出校正前后系统仿真图，如图 5-36 所示，并按照题目要求给出正确的参数。其阶跃响应曲线如图 5-37 所示。

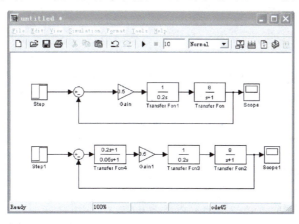

图 5-36 校正前后系统的仿真图

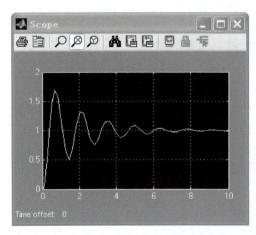 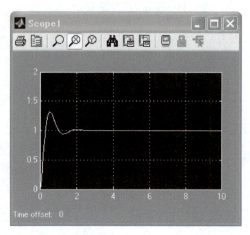

图 5-37　校正前后系统的阶跃响应曲线

由图 5-37 可以看出,调节时间由 8s 减少到 1.7s,超调量也大幅减小,校正后系统的动态性能有了明显的提高。

5.5　自动控制系统校正技能训练

5.5.1　训练任务

参考题目

加深学生对本项目所学知识的理解,培养学生进行简单时域分析的能力。本项目训练任务采用项目导读的直流电动机转速自动控制系统,其结构图如图 5-38 所示。

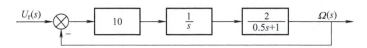

图 5-38　直流电动机转速自动控制系统结构图

任务

与本项目导读要求相同。

5.5.2　训练内容

本项目训练内容可参考表 5-1。具体任务可以是本部分如图 5-38 所示的直流电动机转速自动控制系统,也可以是自选的控制系统,具体要求可由指导教师说明。

表 5-1　自动控制系统校正报告书

题目名称	
学习主题	自动控制系统的校正能力
重点难点	重点:校正的方式及装置,各种校正的特点及步骤。 难点:校正方法的确定,各种校正的特点及步骤

(续)

训练目标	主要知识能力指标	（1）通过学习，能掌握线性系统的校正方法 （2）能分析校正装置对系统性能的影响 （3）能利用计算机校正线性系统	
	相关能力指标	（1）提高解决实际问题的能力，具有一定的专业技术理论 （2）养成独立工作的习惯，能够正确制订工作计划 （3）培养学生良好的职业素质及团队协作精神	
参考资料 学习资源	教材、图书馆相关教材，课程相关网站，互联网检索等		
学生准备	教材、笔、笔记本、练习纸		
教师准备	熟悉教学标准，演示实验，讲授内容，设计教学过程，教材、记分册		
工作步骤	（1）明确任务	教师提出任务	（指导老师给学生布置任务及要求）
	（2）分析过程 （学生借助于资料、材料和教师提出的引导问题，自己做一个工作计划，并拟定出检查、评价工作成果的标准要求）	分析设计要求，说明串联校正的设计思路（滞后校正，超前校正或滞后-超前校正）	
		详细设计（包括的图形有串联校正结构图、校正前系统的 Bode 图、校正装置的 Bode 图、校正后系统的 Bode 图）	
		MATLAB 编程代码及运行结果（包括图形、运算结果）	
		校正实现的电路图及实验结果（校正前后系统的阶跃响应图）	
		三种校正方法及装置的比较	
		Simulink 实现校正	
		总结（若采用三种串联校正方法进行设计可进行稳定性、稳态性能、动态性能和实现的方便性的比较）	
	（3）自己检查 在整个过程中学生依据拟定的评价标准，检查是否符合要求地完成了工作任务		
	（4）小组、教师评价 完成小组评价，教师参与，与教师进行专业对话，教师评价学生的工作情况，给出建议		

5.5.3 考核评价

本任务在掌握好例题与课后习题的基础上，也比较容易完成，在通过学生自评、小组互评和教师评价后检验本任务的完成情况，评价方式可参考表 5-2。

表 5-2　教学检查与考核评价表

	检查项目	检查结果及改进措施	应得分	实得分（自评）	实得分（小组）	实得分（教师）
检查	练习结果正确性		20			
	知识点的掌握情况（串联校正结构图，校正前系统的 Bode 图，校正装置的 Bode 图，校正后系统的 Bode 图）		40			
	能力控制点检查		20			
	课外任务完成情况		20			
	综合评价		100			

项目总结

本项目全面、系统地介绍了有关控制系统校正的概念、方法及步骤，并通过典型例题进一步阐述其具体应用过程。本项目主要内容有：

- 控制系统的校正是自动控制原理研究的两大问题（一是分析系统性能，二是设计或校正系统）之一，是控制理论研究的目的。通过本项目的学习，了解系统校正的理论方法，为今后从事控制系统设计领域的研究奠定基础。

- 串联校正是系统设计的常见方法，本项目分别介绍了串联超前校正、串联滞后校正和串联滞后-超前校正三种方法，它们都是根据系统提出的稳态和动态频域性能指标要求，设计校正装置，串联在前向通道中，达到改善原有系统性能的目的。其校正的实质是通过适当选择校正装置，改变原有系统的开环对数频率特性形状，使校正后系统频率特性为校正前频率特性和校正装置频率特性的叠加。

超前校正装置能增加稳定裕度，提高系统控制的快速性，改善平稳性，故适用于稳态精度已满足要求，但动态性能较差的系统。缺点是会使抗干扰能力下降，改善稳态精度的作用不大。

滞后校正装置能提高系统的稳态精度，也能提高系统的稳定裕度，故适用于稳态精度要求较高或平稳性要求严格的系统。缺点是使频带变窄，降低了系统的快速性。

- 反馈校正也是系统设计的一种有效方法，它是根据系统提出的时域或频域性能指标要求，设计校正装置，使其与原有系统或原有系统的一部分构成反馈连接。它不仅能改善系统性能，而且能带来许多串联校正所无法得到的优点，尤其是可以消除原有系统不希望有的特性和消除系统参数变化对系统性能的影响。其校正的实质是利用校正装置构成反馈内环，由原系统期望对数频率特性减去原系统频率特性，得到反馈内环的对数频率特性，从而确定反馈校正装置。反馈校正效果显著，但实现较为复杂。

- 复合校正是在原有反馈控制系统的基础上，加入补偿装置（校正装置），引入补偿信号，与反馈控制信号共同作用于受控对象，改善系统性能。它包括按扰动补偿的复合校正和按给定补偿的复合校正两种，可分别消除扰动误差和给定误差，是一种极其有效的改善系统稳态性能的方法。

● 利用 MATLAB 和 Simulink 进行系统校正，可以增强对系统校正的认识，能直观地看到并分析校正的结果，是系统设计的有效工具。

系统校正是一个复杂的过程，绝不仅仅局限于对理论的理解，实际中应考虑实现问题，并且具体问题具体分析。只有把理论和实践结合起来，才能不断地深化对理论的理解，并在实践中加以应用，从而有效地解决实际设计问题。

 本项目所介绍的内容结构可用图 5-39 表示。

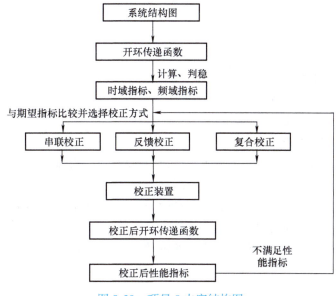

图 5-39 项目 5 内容结构图

 习 题

5-1 选择题

（1）系统的开环传递函数为 $\dfrac{K}{s(s+1)(s+5)}$，输入为斜坡函数，要求系统的稳态误差 $e_{ss}=0.01$，则 K 应为（ ）。

A. 100 B. 0.01 C. 500 D. 20

（2）串联超前校正的作用是（ ）。

A. 使相位裕度增大
B. 使相位裕度减小
C. 降低系统快速性
D. 不影响系统快速性

（3）串联滞后校正的作用是（ ）。

A. 提高系统快速性 　　　　　　　　B. 降低稳态精度
C. 降低系统快速性 　　　　　　　　D. 使带宽变宽

(4) 串联校正环节传递函数为 $G_c(s) = \dfrac{1+10s}{1+100s}$，则其是（　　）校正。

A. 相位滞后校正 　　　　　　　　B. 相位超前校正
C. 滞后超前校正 　　　　　　　　D. 超前滞后校正

(5) 比例积分串联校正装置的主要作用是改善系统的（　　）。

A. 稳定性 　　　　　　　　　　　B. 稳态性能
C. 稳定性和稳态性能 　　　　　　D. 稳定性和快速性

(6) 比例微分串联校正装置的主要作用是改善系统的（　　）。

A. 稳定性 　　　　　　　　　　　B. 稳态性能
C. 高频抗干扰能力 　　　　　　　D. 稳定性和快速性

5-2　简答题

(1) 什么是系统校正？
(2) 系统校正有哪些类型？
(3) 超前校正有哪些特点？
(4) 滞后校正有哪些特点？
(5) PI 调节器调整系统的什么参数？使系统在结构上发生怎样的变化？它对系统的性能有什么影响？如何减小它对系统稳定性的影响？
(6) PD 控制为什么又称为超前校正？它对系统的性能有什么影响？
(7) 分析积分作用的强弱对系统有何影响。

5-3　试计算图 5-40 所示无源网络的传递函数，绘制其 Bode 图，并说明哪一个是超前网络，哪一个是滞后网络。

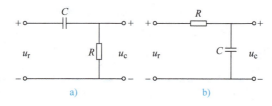

图 5-40　无源网络

5-4　设有一单位负反馈系统固有部分的传递函数为 $G_k = \dfrac{K}{s(0.5s+1)}$，要求校正后系统的性能指标为开环放大系数 $K = 20\text{s}^{-1}$，相位裕度 $\gamma' > 50°$，设计超前校正网络。

5-5　设单位反馈系统的开环传递函数为 $G_k(s) = \dfrac{K}{s(s+1)}$，试设计串联超前校正装置，使系统满足如下指标：

(1) 在单位斜坡输入下的稳态误差 $e_{ss} < 1/15$。
(2) 截止频率 $\omega_c \geq 7.5\text{rad/s}$。
(3) 相位裕度 $\gamma' > 45°$。

5-6 设单位反馈系统的开环传递函数为 $G_k(s) = \dfrac{K}{s(s+1)(0.2s+1)}$，要求校正后系统的静态速度误差系数 $K_V \geq 8\text{rad/s}$，相位裕度 $\gamma' > 40°$，试设计串联滞后校正装置。

5-7 设单位反馈系统的开环传递函数为 $G_k(s) = \dfrac{K}{s(0.1s+1)(0.2s+1)}$，要求校正后系统的静态速度误差系数 $K_V \geq 30\text{rad/s}$，相位裕度 $\gamma' > 40°$，$\omega'_c \geq 2.3\text{rad/s}$，试设计串联滞后校正装置。

项目6

自动控制系统的工程应用

学习目标

职业技能	掌握自动控制系统的工程应用，重点掌握PID控制器的调试方法
职业知识	掌握PID控制器的使用及其在调试中应该注意的问题
职业素养	通过本项目的学习，加深学生对以前所学知识的理解，培养学生具有系统分析和调试技能，培养学生准确分析系统特点的意识

教学内容及要求

知识要求	正确理解自动化设备的系统构成，掌握设计自动化生产设备所需要的各种相关元部件；了解系统的分析、调试步骤和流程；能够正确使用PID控制器，明确PID控制器中的各个参数的含义和使用
技能要求	根据系统的性能指标，确定PID控制器的相关参数
实践内容	小型配料搅拌装置的电动机调速系统的调试
教学重点	自动化生产设备的系统构成，控制程序的编写以及PID控制器的使用和参数确定
教学难点	PID控制器的使用和参数确定

项目分析

本项目以前面的知识为基础，从系统的角度介绍自动控制系统的工程应用。学生在学习本项目时应了解自动控制系统设计的方法，掌握自动化生产设备的构成，掌握PID控制器的使用，在实践环节中能应用本项目所学知识进行系统结构分析、参数的选择及调试工作。

项目实施方法

6.1 项目导读

自动化生产设备又称自动化装置，是指机器或装置在无人干预的情况下按规定的程序或指令自动进行操作或控制的过程。采用自动化设备进行生产的产品一般都有足够大的产量；产品设计和工艺先进、稳定、可靠，并在较长时间内保持基本不变。在大批、大量生产中采用自动化生产能提高劳动生产率，稳定和提高产品质量，改善劳动条件，缩减生产占地面积，降低生产成本，缩短生产周期，保证生产均衡性，带来显著的经济效益。

自动化技术广泛用于工业、农业、军事、科学研究、交通运输、商业、医疗、服务和家庭等方面。采用自动化生产不仅可以把人从繁重的体力劳动、部分脑力劳动以及恶劣、危险的工作环境中解放出来，而且能扩展人的器官功能，极大地提高劳动生产率，增强人类认识世界和改造世界的能力。自动化是工业、农业、国防和科学技术现代化的重要条件和显著标志。

自动化生产设备在无人干预的情况下按规定的程序或指令自动进行操作或控制，其控制目标可以用三个字概况，即"稳、准、快"。它通过气动、液压、电动机、传感器和电气控制系统使各部分的动作联系起来，使整个系统按照规定的程序自动工作，连续、稳定地生产出符合技术要求的特定产品。

6.1.1 基本要求

回顾前述的时域性能指标、频域性能指标及系统校正，并考虑如下问题：
1) 自动控制系统的构成环节有哪些？系统的静态特性、动态特性有哪些？
2) 自动控制系统校正有哪些方式？
3) 什么是 PID 控制器？PID 控制器的参数有哪些？

6.1.2 扩展要求

1) 如何确定 PID 控制器参数？
2) 查阅相关资料，提高系统抗扰能力的措施有哪些？

6.1.3 学生需提交的材料

项目结束后学生应提交小型搅拌装置的电动机测速与调速系统分析报告书一份。

6.2 自动控制系统工程应用的基础知识

本项目以小型配料搅拌装置介绍自动控制系统的工程应用。小型配料搅拌控制装置简单地反映了生产过程中物料通过按配方加料后搅拌合成的流程部分，通过 PLC 来控制物料阀的开关，供料泵传送物料到称重系统计量，称重传感信号输入 PLC，PLC 按配方控制不同物料的添加次序和重量，配料完成后，PLC 通过与变频器通信来控制搅拌的方向和速度的快慢，从而控制产品的生产质量。

6.2.1 传感器

传感器（Transducer/Sensor）是一种检测装置，能感受到被测量的信息，并能将感受到的信息，按一定规律变换成为电信号或其他所需形式的信息输出，以满足信息的传输、处理、存储、显示、记录和控制等要求。它是实现自动检测和自动控制的首要环节。

本项目用到的传感器有浮球式液位开关、电阻应变式称重传感器及旋转编码器。

1. 浮球式液位开关

浮球式液位开关利用磁力工作，无机械连接件，运作简单可靠。浮子（浮球、浮筒）沿导杆随液位上下移动，浮子内有永磁体，导杆内有磁簧开关，当浮子移动到磁簧开关附近时，磁系统作用于磁簧开关，从而发出开关信号。

浮球式液位开关分单点和多点液位检测类型。导管内可设计一点或多点的磁簧开关，然后将管子贯穿一个或多个浮子，并利用固定环，控制浮子与磁簧开关在相关位置上，使浮子在一定范围内上下浮动。利用浮子内的磁铁去吸引磁簧开关的触点，产生开与关的动作，进行液位的控制或指示。

利用液位开关可以检测搅拌装置的储料桶中物料是否足够。如果物料不足，可以输出信号给主控制器。

2. 电阻应变式称重传感器

电阻应变式称重传感器如图 6-1 所示，其原理为：弹性体（弹性元件、敏感梁）在外力作用下产生弹性变形，使粘贴在它表面的电阻应变片（转换元件）也随同产生变形，电阻应变片变形后，它的阻值将发生变化（增大或减小），再经相应的测量电路把这一电阻变化转换为电信号（电压或电流），从而完成了将外力变换为电信号的过程。

使用称重传感器可以检测添加的物料是否达到配方要求的添加量。

图 6-1 电阻应变式称重传感器

3. 旋转编码器

旋转编码器如图 6-2 所示，是用来测量转速并配合脉宽调制（PWM）技术来实现快速调速的装置，光电式旋转编码器通过光电转换，可将输出轴的角位移、角速度等机械量转换成相应的电脉冲并以数字量输出，分为单路输出和双路输出两种。技术参数主要有每转脉冲数（几十个到几千个）和供电电压等。单路输出是指旋转编码器的输出是一组脉冲，而双路输出的旋转编码器输出两组 A、B 相位差 90°的脉冲，通过这两组脉冲不仅可以测量转速，还可以判断旋转的方向。一般编码器输出信号除 A、B 两相（A、B 两通道的信号序列相位差为 90°）外，每转一圈还输出一个零位脉冲 Z。

光电式旋转编码器一般由光源、透镜、随轴旋转的码盘、窄缝和光敏元件等组成。

本项目的小型配料搅拌装置利用旋转编码器检测电动机的转速并反馈给主控制器。

图 6-2　旋转编码器

6.2.2　G120 变频器

小型配料搅拌装置采用的是三相交流电动机，其速度、方向采用西门子的通用变频器 SINAMICS G120 进行控制。

SINAMICS G120 是一种包含各种功能单元的模块化变频器系统。一般包括控制单元（CU）和电源模块（PM）。

CU 在多种可以选择的操作模式下对 PM 和连接的电动机进行控制和监视。通过控制单元，可与本地控制器以及监视设备进行通信。电源模块的功率范围为 0.37~250kW。

SINAMICS G120 的优点如下：

1）具有用于安全相关机器与系统的安全集成功能，能够向输入电源进行再生反馈以节约电能。

2）组态和调试方便快速。使用 SIZER 和 STARTER 工具进行调试；并使用基本操作员面板（BOP）和微型存储卡进行数据备份。

SINAMICS G120 的技术数据如下：

电压和功率范围：380~690V，±10%，三相交流；0.37~250kW。

控制类型：矢量控制，磁通电流控制（FCC），多点特性（可参数化的 V/f 特性）。

SINAMICS G120 尤其适合用作整个工业与贸易领域内的通用变频器，例如，可在汽车、纺织、印刷、化工等领域以及一般高级应用（如输送应用）中使用。

6.2.3　主控制器 S7-1200 PLC

小型配料搅拌装置的主控制器采用西门子的 S7-1200 PLC。

SIMATIC S7-1200 PLC 采用了模块化和紧凑型设计，功能强大，可扩展性强，灵活度高，适合各种应用，可实现简单却高度精确的自动化任务。

1. SIMATIC S7-1200 CPU

SIMATIC S7-1200 系统有三种不同模块，分别为 CPU 1211C、CPU 1212C 和 CPU 1214C。其中的每一种模块都可以进行扩展，以满足系统需要。可在任何 CPU 的前方加入一个信号板，扩展数字或模拟量 I/O，同时不影响控制器的实际大小。可将信号模块连接至 CPU 的右侧，进一步扩展数字量或模拟量 I/O 容量。CPU 1212C 可连接 2 个信号模块，CPU 1214C 可连接 8 个信号模块。最后，所有的 SIMATIC S7-1200 CPU 控制器的左侧均可连接 3 个通信模块，便于实现端到端的串行通信。

2. 安装简单方便

所有的 SIMATIC S7-1200 硬件都有内置的卡扣，可简单方便地安装在标准的 35mm DIN 导轨上。这些内置的卡扣也可以卡入已扩展的位置，当需要安装面板时，可提供安装孔。

3. 可扩展性强、灵活度高的设计

信号模块：最大的 CPU 最多可连接 8 个信号模块，以便支持其他数字量和模拟量 I/O。

信号板：可将一个信号板连接至所有的 CPU，让用户通过在控制器上添加数字量或模拟量 I/O 来自定义 CPU，同时不影响其实际大小。

集成的 PROFINET 接口：集成的 PROFINET 接口用于进行编程以及 HMI 和 PLC-to-PLC 通信。另外，该接口支持使用开放以太网协议的第三方设备。该接口具有自动纠错功能的 RJ45 连接器，并提供 10/100Mbit/s 的数据传输速率。它支持多达 16 个以太网连接以及以下协议：TCP/IP、ISO on TCP 和 S7 通信。

4. 用于速度、位置或占空比控制的高速输出

SIMATIC S7-1200 PLC 集成了两个高速输出，可用作脉冲序列输出（PTO）或调谐脉冲宽度（PWM）的输出。当作为 PTO 进行组态时，以高达 100kHz 的速度提供 50% 的占空比脉冲序列，用于控制步进电动机和伺服驱动器的开环回路速度和位置。当作为 PWM 输出进行组态时，将提供带有可变占空比的固定周期数输出，用于控制电动机的速度、阀门的位置或发热组件的占空比。

5. PLCOpen 运动功能块

SIMATIC S7-1200 PLC 可控制步进电动机和伺服驱动器的开环回路速度和位置，使用轴技术对象和国际认可的 PLCOpen 运动功能块，在工程组态 SIMATIC STEP 7 Basic 中可轻松组态 PLCOpen 功能块功能。除了"home"（回原点）和"jog"（点动）功能外，还支持绝对移动、相对移动和速度移动。

6. 用于闭环回路控制的 PID 功能

SIMATIC S7-1200 PLC 最多可支持 16 个 PID 控制回路，用于简单的过程控制应用。利用 PID 控制器技术对象和工程组态 SIMATIC STEP 7 Basic 中提供的支持编辑器，可组态这些控制回路。另外，SIMATIC S7-1200 PLC 支持 PID 自动调整功能，可自动为积分时间和微分时间计算最佳调整值。

SIMATIC STEP 7 Basic 中随附的 PID 调试控制面板，简化了回路调整过程。它为单个控制回路提供了自动调整和手动控制功能，同时为调整过程提供了图形化的趋势视图。

6.2.4 应用 S7-1200 PLC 对电动机进行速度检测和 PID 控制调速

小型配料搅拌装置最重要的一个功能就是利用 PLC 对电动机进行速度检测和调速。在工业生产领域中,PID 控制的应用最为广泛。在科学技术发展迅速的今天,虽然涌现了很多新的控制方法,但 PID 控制单元仍然是最普遍的控制单元。本项目中对搅拌装置的电动机速度控制就采用 PID 控制的方法。

1. 速度检测

由前文所述可知电动机速度的检测与反馈元件是光电编码器。光电编码器输出的脉冲信号由 S7-1200 PLC 高速计数器进行计数,从而获得电动机的转速。S7-1200 PLC 最多集成了 6 个高速计数器(HSC1~HSC6),HSC 指令有 4 种计数器模式:内部方向控制的单相计数器、外部方向控制的单相计数器、两路脉冲输入的双相计数器和 AB 相正交计数器。HSC 计数器模式见表 6-1。

表 6-1 HSC 计数器模式

HSC 计数器模式		数字量输入字节 0(默认值:0.x)								数字量输入字节 1(默认值:1.x)					
		0	1	2	3	4	5	6	7	0	1	2	3	4	5
HSC 1	单相	C	[d]		[R]										
	双相	CU	CD		[R]										
	AB 相	A	B		[R]										
HSC2	单相		[R]	C	[d]										
	双相		[R]	CU	CD										
	AB 相		[R]	A	B										
HSC 3	单相						C	[d]	[R]						
	双相						CU	CD	[R]						
	AB 相						A	B	[R]						
HSC 4	单相						[R]	C	[d]						
	双相						[R]	CU	CD						
	AB 相						[R]	A	B						
HSC 5	单相									C	[d]	[R]			
	双相									CU	CD	[R]			
	AB 相									A	B	[R]			
HSC 6	单相												C	[d]	[R]
	双相												CU	CD	[R]
	AB 相												A	B	[R]

注:[d] 表示方向;[R] 表示复位;CU 表示加计数;CD 表示减计数;A 表示 A 相;B 表示 B 相;C 表示计数。

启用不同的高速计数器，要按对应的端子进行接线。

2. PID 控制器说明

若控制器的输出既与误差信号成正比，又与误差和时间的积分成正比，还与误差的一阶导数成正比，则称这种控制器为比例-积分-微分（PID）控制器。

PID 控制器根据设定值（给定）与被控对象的实际值（反馈）的差值，按照 PID 算法计算出控制器的输出量，控制执行机构去影响被控对象的变化。

PID 控制是负反馈闭环控制，能够抑制系统闭环内各种因素所引起的扰动，使反馈跟随给定变化。

根据具体系统的控制要求，实际应用中有可能只用到其中的一部分，比如 PI 控制，这时没有微分控制部分。

TIA 博途软件 V14 版本中，为 S7-1200 CPU 提供以下 PID 控制器指令：PID_Compact 集成了调节功能的通用 PID 控制器指令；PID_3Step 集成了阀门调节功能的控制器指令；PID_Temp 集成了温度调节的 PID 控制指令。

TIA 博途软件 V14 版本中，只有 CPU 从停止（STOP）切换到运行（RUN）模式后，在 RUN 模式下，对 PID 组态和下载进行的更改才会生效。而在"PID 参数"（PID Parameters）对话框中使用"起始值控制"（Start Value Control）进行的更改立即生效。

使用 PID 控制器指令时，要以恒定的采样时间间隔执行 PID 指令（最好在循环组织块（OB）中调用）。由于 PID 回路需要一段时间来响应控制值的变化，因此不需要在每个主程序循环中都计算输出值。

3. PID 控制器的参数调试

PID 控制的效果就是看反馈（也就是控制对象）是否跟随设定值（给定），是否达到"稳、快、准"的指标。

要衡量 PID 控制器的参数是否合适，必须能够连续观察反馈对于给定变化的响应曲线；而实际上 PID 控制器的参数也是通过观察反馈波形而调试的。因此，要有能够观察反馈连续变化波形曲线的有效手段，才谈得上调试 PID 控制器的参数。

观察反馈量的连续波形，可以使用 TIA 博途软件中的 PID 调试工具、带慢扫描记忆功能的示波器（如数字示波器）、波形记录仪，或者在 PC 上做的趋势曲线监控画面等。

PID 控制器参数的取值，以及它们之间的配合，对 PID 控制是否稳定具有重要的意义。这些主要参数是：

（1）采样时间　计算机必须按照一定的时间间隔对反馈进行采样，才能进行 PID 控制的计算。采样时间就是对反馈进行采样的间隔。短于采样时间间隔的信号变化是不能测量到的。采样时间要合适，确定采样时间时，应保证在被控量迅速变化的区段有足够多的采样点数，不会丢失被采集量中的重要信息。过短的采样时间没有必要，也加大了 CPU 的负担；过长的采样间隔时间不能满足扰动变化比较快、速度响应要求高的场合。

编程时，指定的 PID 控制器采样时间必须与实际的采样时间一致。S7-1200 中 PID 控制器的采样时间精度用定时中断来保证。

（2）比例增益（Gain，放大系数，比例常数）　比例增益与误差（给定与反馈的差值）的乘积作为控制器输出中的比例部分。过大的比例增益会造成反馈的振荡。过小的比例增益，调节力度不够，调节时间过长。如果闭环系统没有积分作用，单纯的比例控制的稳态误差与增益成反比，很难兼顾动态性能和静态性能。

（3）积分时间（Integral Time） 积分时间是积分环节的系数。控制器的总输出包含了积分环节的值。积分环节的值的大小与误差对时间的积分成正比。误差值恒定时，积分时间决定了控制器输出的变化速率。过短的积分时间会使超调量增大，甚至有可能造成不稳定。而过长的积分时间，会导致消除误差的速度很慢。如果将积分时间设为最大值，则相当于没有积分作用。

积分控制根据当时的误差值，每个采样周期都要微调 PID 的输出。只要误差不为零，积分项就会向减小误差的方向变化，积分控制的作用是消除稳态误差。

（4）微分时间（Derivative Time） 微分时间是微分环节的系数。误差值发生改变时，由于微分环节的作用将增加一个尖峰到输出中，随着时间流逝而减小。微分时间越长，输出的变化越大。微分使控制对扰动的敏感度增加，也就是误差的变化率越大，微分控制作用越强。微分具有超前和预测的作用，适当的微分控制作用可以减小超调量，缩短调节时间。如果将微分时间设置为 0，微分控制将不起作用，控制器将作为 PI 调节器工作。

在调试 PID 控制器时，为了简化调试过程，可以首先尝试用 PI 控制算法。如果系统不稳定或者超调量太大，经过多次振荡才能稳定，则减小增益或增大积分时间。如果被控量上升过于缓慢，过渡过程时间太长，则按相反的方向调整参数。如果消除误差的速度较慢，则可以适当减小积分时间。反复调节增益和积分时间，如果超调量仍然较大，可以加入微分控制，微分时间应从 0 逐渐增大。

TIA 博途软件 V14 版本中提供的 PID 调试工具还具有参数自整定功能，分为自整定分预调节和精确调节两个阶段，两者结合可以得到最佳 PID 参数。

4. 建立 PID 控制器调速工程

在 TIA 博途软件中新建一个项目，CPU 型号为 CPU 1214C。

（1）组态高速计数器 进入硬件编辑，打开 CPU 1214C 的属性，单击其中的高速计数器（如 HSC1），进入计数器参数设置，如图 6-3 所示，勾选"启用该高速计数器"，名称填"HSC_1"，再选择操作模式。本例中要测量电动机转速，选择"计数类型"为频率。

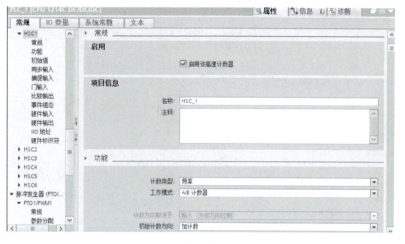

图 6-3　HSC1 高速计数器参数设置

高速计数器 HSC1 默认的脉冲输入点是 I0.0 和 I0.1，如图 6-4 所示。编码器 A/B 相信号连接到 PLC 的输入点也应该与此一致。如果实际硬件连接方式不一致，可以在软件中修改相应的脉冲输入点。

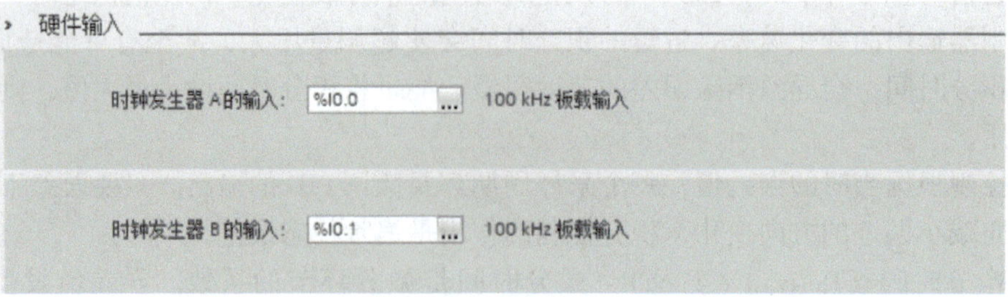

图 6-4　高速计数器脉冲输入点

启用高速计数器后要检查对应输入点的滤波时间，如果输入的脉冲频率太高，脉冲周期小于其滤波时间时，会检测不到信号。单击 CPU1214C 的"属性"→"常规"→"DI14/DQ10"→"数字量输入"→"通道 0"，将输入滤波器参数设置为 0.8 μs（软件中为"0.8microsec"），如图 6-5 所示。通道 1 也做相同的设置。

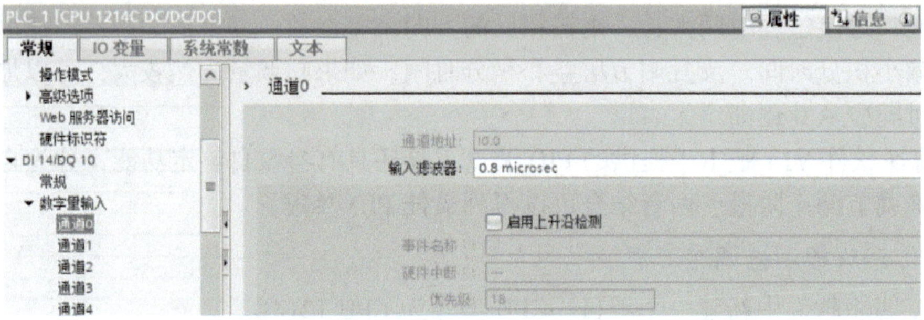

图 6-5　滤波时间设置

然后设置 I/O 地址，如图 6-6 所示。

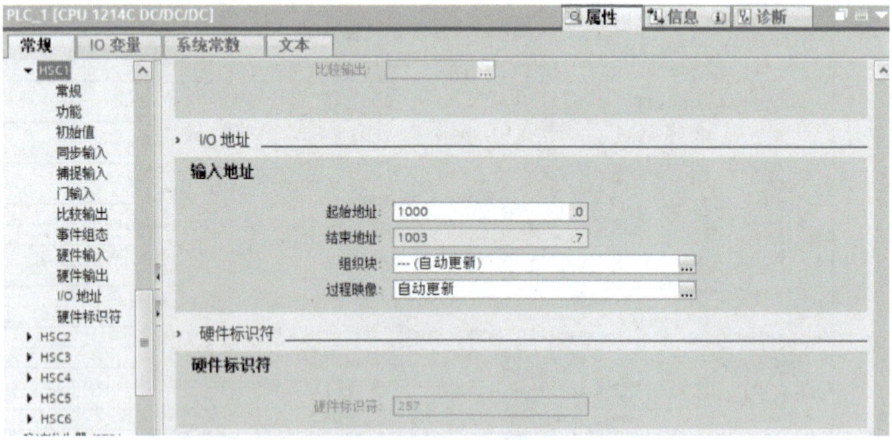

图 6-6　I/O 地址设置

CPU 1214C 的高速计数器在硬件组态下载后就生效了，通过读取输入地址 ID1000 就可以读出 HSC1 当前的脉冲频率。

（2）组态 PID 工艺对象　打开工艺对象，双击"新增对象"，选择"PID 控制"，选中"PID_Compact"，如图 6-7 所示，单击"确定"按钮。

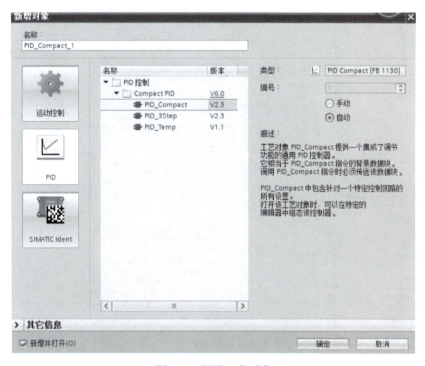

图 6-7　新增工艺对象

对生成的指令进行基本设置，如图 6-8 所示。

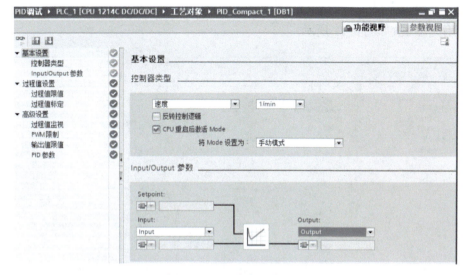

图 6-8　PID 指令基本设置

由于交流电动机额定转速为 1400r/min，故过程值设置如图 6-9 所示。

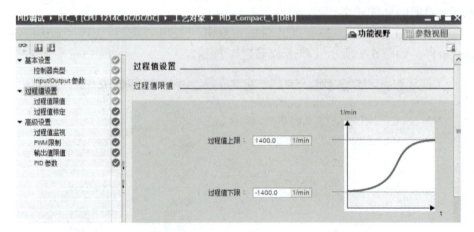

图 6-9　过程值设置

过程值监视设置如图 6-10 所示。

图 6-10　过程值监视设置

输出值限值设置如图 6-11 所示。

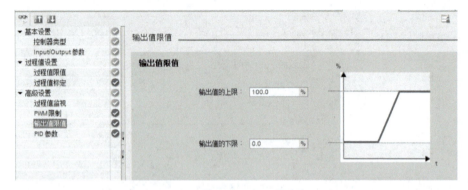

图 6-11　输出值限值设置

PID 参数设置界面如图 6-12 所示，启用手动输入方式，可以在此输入需要的 PID 参数。如果调试人员熟悉被控对象，或者有相关资料参考，PID 参数的初始值设置就比较容易，否则初始值的选择是非常困难的。有可能初始值和调试好的参数相差很大。

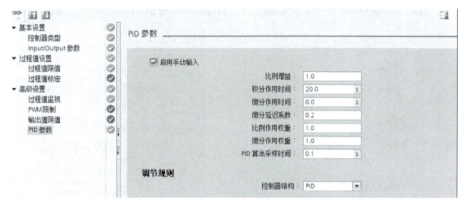

图 6-12　PID 参数设置

（3）编制程序　新建函数 Motor_PID，在函数中编写 PID 控制程序如图 6-13 所示。

由于系统中所使用的旋转编码器是每转输出 360 个脉冲，所以用 PLC 读到的脉冲频率除以 360 再乘以 60 即可得到电动机每分钟的转速。

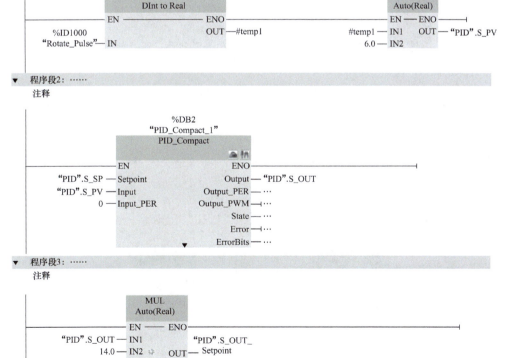

图 6-13　PID 控制程序

在程序块中添加新的循环中断组织块（OB），如图 6-14 所示。

在该 OB 中调用函数 Motor_PID，如图 6-15 所示。

主程序中添加如图 6-16 所示程序段，将 PID 控制器输出值发送给变频器。

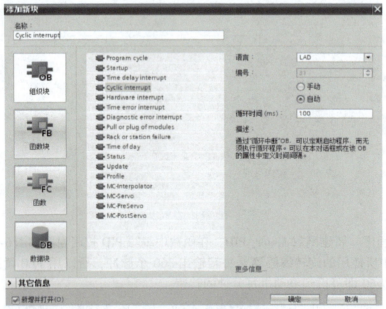

图 6-14　添加新的组织块

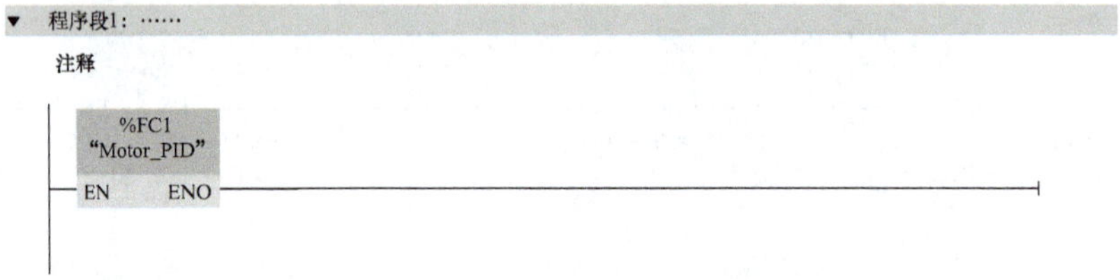

图 6-15　调用函数 Motor_PID

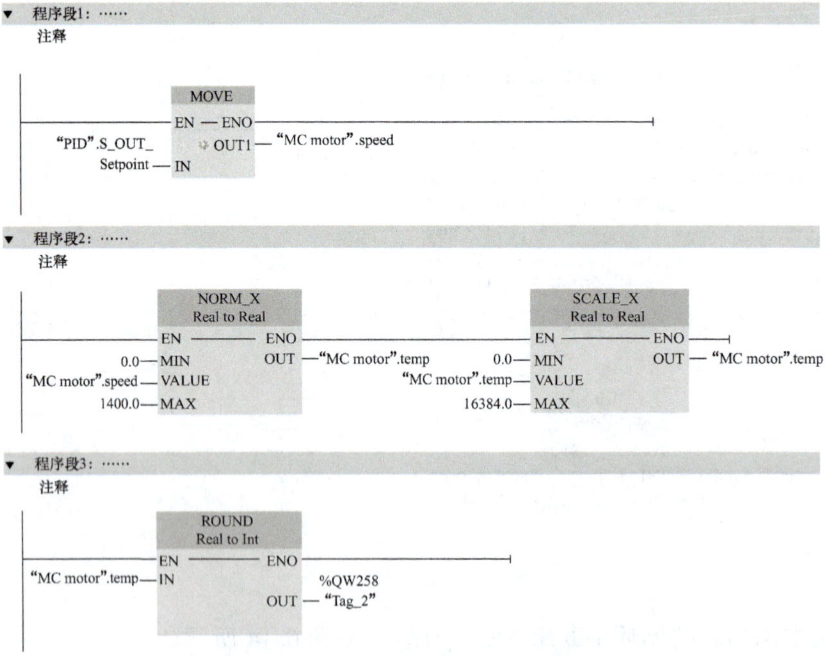

图 6-16　PID 输出值写入变频器程序段

(4) 下载程序并调试 将程序下载到 PLC 中，如图 6-17 所示，并对 PID 控制器进行初始化。

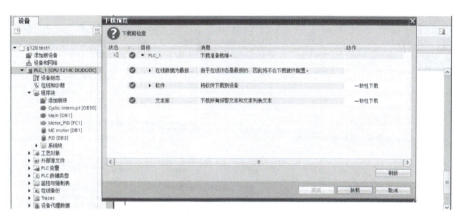

图 6-17 程序下载

PID 参数界面如图 6-18 所示。

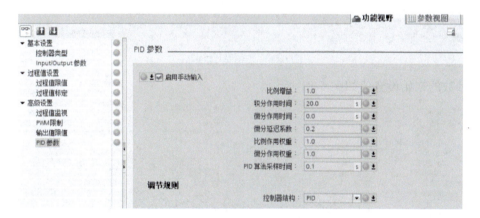

图 6-18 PID 参数界面

单击指令右上角的 按钮或者双击 "PID_Compact_1" 下的 "调试"（图 6-19 中加框表示），打开调试面板，如图 6-20 所示；启动采样，启动 PID_Compact，进行 PID 调节。

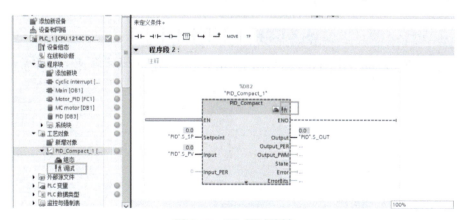

图 6-19 PID 调试按键

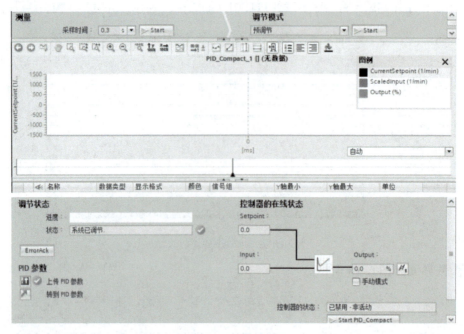

图 6-20　PID 调试面板

PID 参数的初始设置值如图 6-21 所示。

图 6-21　PID 参数初始设置值

转速设置为 500r/min，由图 6-22 所示的输出波形可见，电动机转速上升非常缓慢。

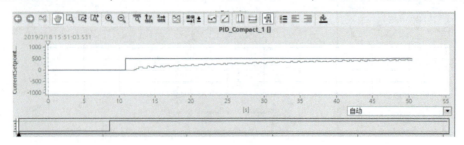

图 6-22　转速输出波形

把"积分作用时间"改为"1.0s",减少积分时间,增大积分作用,如图 6-23 所示。

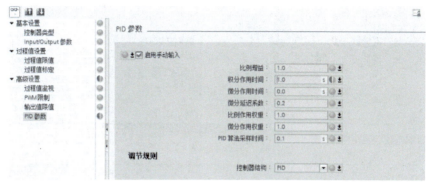

图 6-23　PID 参数界面

重新启动 PID 控制,可见转速上升时间减少,系统响应得到很大改善,如图 6-24 所示。

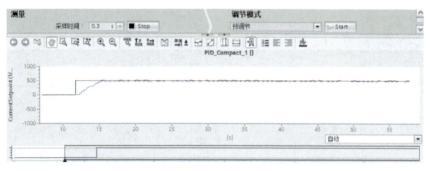

图 6-24　减少积分时间后转速输出波形

可以根据需求,不断修改参数,观察输出效果是否合适。PID 参数调节是一个反复的过程,即使是有经验的工程人员也需要多次反复的调节才能获得合适的参数。

在 TIA 博途软件中可以手动更改 PID 参数进行调节,也可以采用自动方式进行调节。由于 S7-1200 不支持在线初始化,所以调节完成后,要将 PID 参数设定值重新初始化(单击 PID 调试面板上的"下载"按钮)。

使用自动调节功能时,可以单击 PID 调试界面上的调试模式旁边的"Start"按钮,如图 6-25 所示。

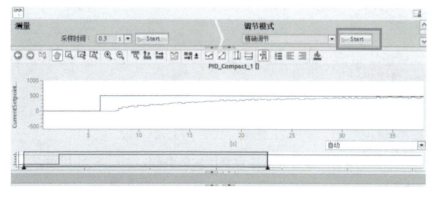

图 6-25　PID 调试界面

系统启用自整定功能，过程如图 6-26 所示。

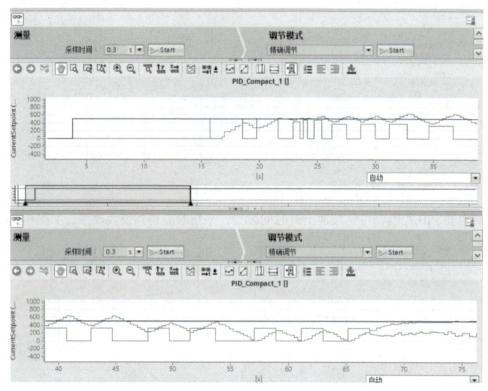

图 6-26　PID 参数自整定过程

自整定完成后，调节状态栏出现"系统已调节"信息，如图 6-27 所示。

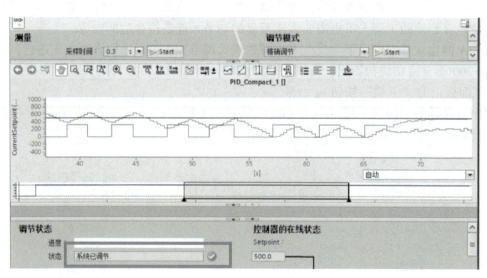

图 6-27　自整定完成后 PID 调试界面

切换到 PID 参数界面，可以看到系统自整定后的参数，如图 6-28 所示。

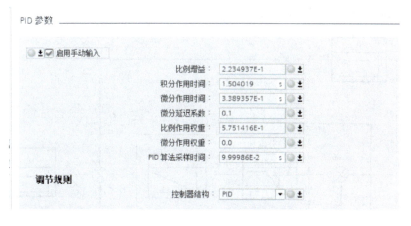

图 6-28　PID 参数界面

6.3　自动控制系统工程应用的扩展知识

TIA 博途软件中，PID_Compact 指令是对具有比例作用的执行器进行集成调节的 PID 控制器指令，它具有抗积分饱和功能并且能够对比例作用和微分作用进行加权计算。PID 算法根据以下等式工作：

$$y = K_P \left[(bw - x) + \frac{1}{T_I s}(w - x) + \frac{T_D s}{aT_D s + 1}(cw - x) \right]$$

式中，y 为 PID 算法的输出值；K_P 为比例增益；b 为比例作用权重；w 为设定值；x 为过程值；T_I 为积分作用时间；s 为拉普拉斯算子；T_D 为微分作用时间；a 为微分延迟系数；c 为微分作用权重。

PID_Compact 框图如图 6-29 所示。

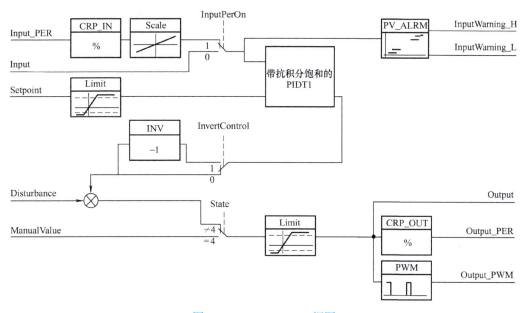

图 6-29　PID_Compact 框图

带抗积分饱和的 PIDT1 框图如图 6-30 所示。

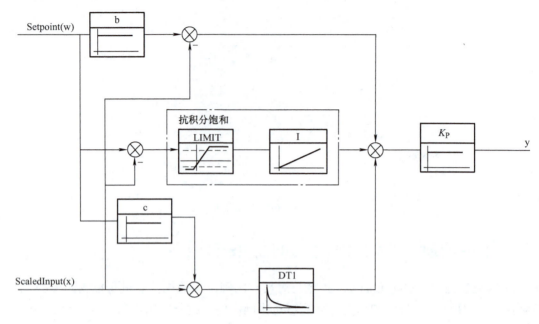

图 6-30　带抗积分饱和的 PIDT1 框图

6.4　自动控制系统工程应用技能训练

6.4.1　训练任务

参考题目

加深学生对本项目所学知识的理解，培养学生进行简单系统设计及调试的能力。本项目训练任务采用小型配料搅拌装置的电动机调速系统，其系统结构框图如图 6-31 所示。

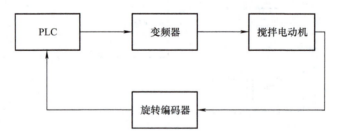

图 6-31　小型配料搅拌装置的电动机调速系统

任务

1）PLC 中集成的 PID 控制器的指令使用。
2）PID 控制器参数的调试和确定。
3）PLC 控制程序的编写。

6.4.2 训练内容

本项目训练内容可参考表 6-2。具体任务可以是本项目的小型配料搅拌装置的电动机调速系统,也可以是自选的控制系统,具体要求可由指导教师说明。

表 6-2 自动控制系统设计报告书

题目名称			
学习主题	自动控制系统的工程应用		
重点难点	重点:PID 控制器的应用 难点:PID 控制器参数的确定		
训练目标	主要知识能力指标	(1) 通过学习,掌握自动化设备各个环节的构成和设计方法 (2) 能理解系统各个部分的作用 (3) 能调试和确定系统的 PID 控制器参数	
	相关能力指标	(1) 提高解决实际问题的能力,具有一定的专业技术理论 (2) 养成独立工作的习惯,能够正确制订工作计划 (3) 培养学生良好的职业素质及团队协作精神	
参考资料 学习资源	教材、图书馆相关教材,课程相关网站,互联网检索等		
学生准备	教材、笔、笔记本、练习纸		
教师准备	熟悉教学标准,演示实验,讲授内容,设计教学过程,教材、记分册		
工作步骤	(1) 明确任务	教师提出任务	(指导教师给学生布置任务及要求)
	(2) 分析过程 (学生借助于资料、材料和教师提出的引导问题,自己做一个工作计划,并拟定出检查、评价工作成果的标准要求)	分析系统要求,说明系统设计、调试的思路	
		PID 控制器的使用(调试方式的选择、参数的调试和确定、动态性能分析)	
		TIA 博途 V14 软件中编程代码及运行结果(包括图形、运行结果)	
		系统实现的电路图及实验结果(系统的阶跃响应图)	
	(3) 自己检查 在整个过程中学生依据拟定的评价标准,检查是否符合要求地完成了工作任务		
	(4) 小组、教师评价 完成小组评价,教师参与,与教师进行专业对话,教师评价学生的工作情况,给出建议		

6.4.3 考核评价

在掌握好例题与课后习题的基础上，本任务也比较容易完成，可在学生自评、小组互评和教师评价后检验本任务的完成情况。教学检查与考核评价表可参考表6-3。

表6-3 教学检查与考核评价表

	检查项目	检查结果及改进措施	应得分	实得分（自评）	实得分（小组）	实得分（教师）
检查	练习结果正确性		20			
	知识点的掌握情况（系统设计的思路，PID控制器的参数确定，系统的动态指标）		40			
	能力控制点检查		20			
	课外任务完成情况		20			
	综合评价		100			

项目总结

本项目主要是以小型配料搅拌装置为例，介绍自动控制系统的工程应用，其主要内容有：

- 自动生产设备的概念及系统构成。
- 组成自动化生产设备的各种元部件，常用的各种传感器（包括液位开关、称重传感器及旋转编码器）、变频器、PLC主控制器及电动机等。
- PID控制器的介绍，比例增益、积分时间、微分时间、采样时间的含义及应用。

比例增益：比例增益与偏差的乘积作为控制器输出中的比例部分。比例增益过大会造成反馈的振荡；比例增益过小，则调节的力度不够，使调节时间过长。

积分时间：误差值恒定时，积分时间决定了控制器输出的变化速率。积分时间越短，误差得到的修正越快。过短的积分时间有可能造成不稳定。积分控制根据当时的误差值，每个采样周期都要微调PID的输出。积分控制的作用是消除稳态误差。

微分时间：误差值发生改变时，由于微分环节的作用将增加一个尖峰到输出中，随着时间流逝而减小。微分使控制对扰动的敏感度增加，也就是误差的变化率越大，微分控制作用越强。微分具有超前和预测的作用，适当的微分控制作用可以减小超调量，缩短调节时间。

采样时间：采样时间就是对反馈进行采样的间隔。采样时间要合适，确定采样时间时，应保证在被控量迅速变化的区段有足够多的采样点数，不会丢失被采集量中的重要信息，但过短的采样时间也没有必要。具体视要求而定。

- PID控制器的调试方法和参数的确定。在调试PID控制器时，为了简化调试过程，可以首先尝试用PI控制算法。如果系统不稳定或者超调量太大，经过多次振荡才能稳定，则减小增益或增大积分时间。如果被控量上升过于缓慢，过渡过程时间太长，则按相反的方向调整参数。如果消除误差的速度较慢，则可以适当减小积分时间。反复调节增益和积分时间，如果超调量仍然较大，可以加入微分控制，微分时间应从 0 逐渐增大。可以使用 TIA 博途软件 V14 版本中提供的 PID 参数自整定功能，分为自整定分预调节和精确调节两个阶段，两者结合可以得到最佳 PID 参数。

● 进行系统调试，首先要做好必要的准备工作，主要是确定接线正确和各单元正常，并且准备好必要的仪器设备，明确并列出调试顺序和步骤；然后再逐步地进行调试，并做好调试记录。

 本项目所介绍的内容结构可用图 6-32 表示。

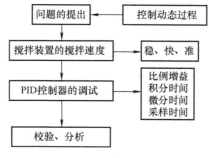

图 6-32　项目 6 内容结构图

 习　　题

6-1　什么是 PID 控制器？

6-2　使用 S7-1200 PLC 的集成 PID 控制器，有哪些主要参数需要设置？各个参数对系统的影响是什么？

6-3　PID 控制器参数的调试方法有哪些？

6-4　系统调试的一般顺序是怎样的？

附　录

附录 A　传递函数的数学工具——拉普拉斯变换与反变换

拉普拉斯变换简称拉氏变换，是分析研究线性动态系统的有力数学工具。拉普拉斯变换是一种数学积分变换，其核心是把时间函数 $f(t)$ 与复变函数 $F(s)$（s 为复频率，$s=\sigma+j\omega$）联系起来，把时域问题通过数学变换为复频域问题，把时间域的高阶微分方程变换为复频域的代数方程。这不仅运算方便，使系统的分析大为简化，而且在经典控制论范畴，直接在频域中研究系统的动态特性，对系统进行分析和校正，具有很广泛的实际意义。

1. 拉普拉斯变换的概念

若将时间域函数 $f(t)$，乘以指数函数 e^{-st}（其中 $s=\sigma+j\omega$，是一个复数。σ、ω 均为实数，分别称为 s 的实部和虚部；$j=\sqrt{-1}$ 为虚数单位），再在 $0\sim\infty$（本书如无特指，∞ 均指 $+\infty$）之间对 t 进行积分，就得到一个新的复频域函数 $F(s)$。$F(s)$ 称为 $f(t)$ 的拉普拉斯变换式，并可用符号 $L[f(t)]$ 表示。

$$F(s) = L[f(t)] = \int_0^\infty f(t)e^{-st}dt \tag{A-1}$$

式(A-1) 称为拉普拉斯变换的定义式。式中，s 为复数，$f(t)$ 为<u>原函数</u>，$F(s)$ 为<u>象函数</u>。通常对于简单原函数的拉普拉斯变换，可直接查拉普拉斯变换表（见表 A-1），查出象函数。

拉普拉斯变换有许多重要的性质，如线性性质、微分性质和积分性质等，详见表 A-2。利用这些性质可以很方便地求得一些较为复杂的函数的象函数，同时也可以把线性常系数微分方程变换为复频域中的代数方程。

2. 拉普拉斯反变换

当已知 $f(t)$ 的拉普拉斯变换 $F(s)$，欲求原函数 $f(t)$ 时，称为拉普拉斯反变换，记作 $L^{-1}[F(s)]$，并定义为如下积分：

$$f(t) = L^{-1}[F(s)] = \frac{1}{2\pi j}\int_{\sigma-j\omega}^{\sigma+j\omega}F(s)e^{st}ds \tag{A-2}$$

式(A-2) 是求拉普拉斯反变换的定义式，因 $F(s)$ 是一复变函数，定义式的积分需借助复变函数中留数定理来求，其计算比较麻烦。通常对于简单的象函数，可直接查拉普拉斯变换表(见表 A-1)，查得原函数。对于复杂的象函数 $F(s)$，可用部分分式法求得（后面讲述）。

表 A-1 常用函数的拉普拉斯变换

序号	原函数 $f(t)$	拉普拉斯变换 $F(s)$	序号	原函数 $f(t)$	拉普拉斯变换 $F(s)$
1	单位脉冲 $\delta(t)$	1	8	$1-e^{-at}$	$\dfrac{a}{s(s+a)}$
2	单位阶跃 $1(t)$	$\dfrac{1}{s}$	9	$e^{-at}-e^{-bt}$	$\dfrac{b-a}{(s+a)(s+b)}$
3	单位斜坡 t	$\dfrac{1}{s^2}$	10	$\sin\omega t$	$\dfrac{\omega}{s^2+\omega^2}$
4	$\dfrac{t^2}{2}$	$\dfrac{1}{s^3}$	11	$\cos\omega t$	$\dfrac{s}{s^2+\omega^2}$
5	$\dfrac{t^n}{n!}$	$\dfrac{1}{s^{n+1}}$	12	$e^{-at}\sin\omega t$	$\dfrac{\omega}{(s+a)^2+\omega^2}$
6	e^{-at}	$\dfrac{1}{s+a}$	13	$e^{-at}\cos\omega t$	$\dfrac{s+a}{(s+a)^2+\omega^2}$
7	te^{-at}	$\dfrac{1}{(s+a)^2}$	14	$a^{t/T}$	$\dfrac{1}{s-(1/T)\ln a}$

表 A-2 拉普拉斯变换的基本性质

序号	名称		性质
1	线性定理	比例定理	$L[af(t)] = aF(s)$
		叠加定理	$L[f_1(t) \pm f_2(t)] = F_1(s) \pm F_2(s)$
2	微分定理	一般形式	$L\left[\dfrac{df(t)}{dt}\right] = sF(s) - f(0)$ $L\left[\dfrac{d^2f(t)}{dt^2}\right] = s^2F(s) - sf(0) - f'(0)$ $\vdots$ $L\left[\dfrac{d^nf(t)}{dt^n}\right] = s^nF(s) - \sum_{k=1}^{n} s^{n-k}f^{(k-1)}(0)$ $f^{(k-1)}(t) = \dfrac{d^{k-1}f(t)}{dt^{k-1}}$
		初始条件为零时	$L\left[\dfrac{d^nf(t)}{dt^n}\right] = s^nF(s)$
3	积分定理	一般形式	$L\left[\int f(t)dt\right] = \dfrac{F(s)}{s} + \dfrac{\left[\int f(t)dt\right]_{t=0}}{s}$ $L\left[\iint f(t)(dt)^2\right] = \dfrac{F(s)}{s^2} + \dfrac{\left[\int f(t)dt\right]_{t=0}}{s^2} + \dfrac{\left[\iint f(t)(dt)^2\right]_{t=0}}{s}$ $\vdots$ $L\left[\overbrace{\int\cdots\int}^{共n个} f(t)(dt)^n\right] = \dfrac{F(s)}{s^n} + \sum_{k=1}^{n}\dfrac{1}{s^{n-k+1}}\left[\overbrace{\int\cdots\int}^{共k个} f(t)(dt)^n\right]_{t=0}$
		初始条件为零时	$L\left[\overbrace{\int\cdots\int}^{共n个} f(t)(dt)^n\right] = \dfrac{F(s)}{s^n}$
4	延迟定理		$L[f(t-T)1(t-T)] = e^{-Ts}F(s)$

(续)

序号	名称	性质
5	平移定理	$L[f(t)e^{-at}] = F(s+a)$
6	终值定理	$\lim_{t \to \infty} f(t) = \lim_{s \to 0} sF(s)$
7	初值定理	$\lim_{t \to 0} f(t) = \lim_{s \to \infty} sF(s)$

3. 拉普拉斯反变换的数学方法

对一般象函数 $F(s)$，常用的求原函数 $f(t)$ 的方法主要有：

1) 查表法：即直接查表，查出相应的原函数，适用于较简单的象函数。

2) 利用拉普拉斯变换的性质。

3) 部分分式法：通过代数运算，先将一个复杂的象函数化为数个简单的部分分式之和，再分别求出各个分式的原函数，总的原函数即可求得。

例 A-1 求下列象函数 $F(s)$ 的原函数 $f(t)$。

$$(1) F(s) = \frac{1}{s+5} \quad (2) F(s) = \frac{s}{s^2+4} \quad (3) F(s) = \frac{3}{s(s+3)}$$

解：(1) 将 $a=5$ 代入表 A-1 中的式 6 得

$$f(t) = L^{-1}\left[\frac{1}{s+5}\right] = e^{-5t}$$

(2) 将 $\omega = 2$ 代入表 A-1 中的式 11 得

$$f(t) = L^{-1}\left[\frac{s}{s^2+4}\right] = \cos 2t$$

(3) 将 $a = 3$ 代入表 A-1 中的式 8 得

$$f(t) = L^{-1}\left[\frac{3}{s(s+3)}\right] = 1 - e^{-3t}$$

例 A-2 已知 $F(s) = \frac{\omega}{s^2 + \omega^2}$，其原函数 $f(t) = \sin\omega t$。求 $F(s+a)$ 的原函数 $f(t)$。

解：由平移性质可知

$$L^{-1}(F(s+a)) = e^{-at} f(t) = e^{-at} \sin\omega t$$

下面介绍部分分式法。

设 $F(s)$ 是 s 的有理真分式，其为

$$F(s) = \frac{B(s)}{A(s)} = \frac{b_m s^m + b_{m-1} s^{m-1} + \cdots + b_1 s + b_0}{a_n s^n + a_{n-1} s^{n-1} + \cdots + a_1 s + a_0} \quad (n > m) \tag{A-3}$$

式中，系数 $a_0, a_1, \cdots, a_{n-1}, a_n, b_0, b_1, \cdots, b_{m-1}, b_m$ 都是实常数；m, n 是正整数。按代数定理可将 $F(s)$ 展开为部分分式，然后逐项查表进行反变换。有以下两种情况。

(1) $F(s)$ 无重极点的情况　$F(s)$ 总是能展开为下面简单的部分分式之和：

$$F(s) = \frac{B(s)}{A(s)} = \frac{k_1}{s - p_1} + \frac{k_2}{s - p_2} + \cdots + \frac{k_n}{s - p_n}, k_1 \cdots k_n \text{ 为待定系数} \tag{A-4}$$

先以 $(s - p_1)$ 同乘式(A-4) 两边，后以 $s = p_1$ 代入，则有

$$k_1 = \frac{B(s)}{A(s)}(s-p_1) - \frac{K_2(s-p_1)}{s-p_2} - \cdots - \frac{K_n(s-p_1)}{s-p_n}\bigg|_{s=p_1}$$

注：当 $s=p_1$ 时，各项均为零。

故有 $k_1 = \frac{B(s)}{A(s)}(s-p_1)\bigg|_{s=p_1}$

依此类推有

$$K_i = \frac{B(s)}{A(s)}(s-p_i)\bigg|_{s=p_i}$$

因为 $L^{-1}\left[\frac{1}{s-p_i}\right] = e^{p_i t}$，所以

$$L^{-1}[F(s)] = K_1 e^{p_1 t} + K_2 e^{p_2 t} + \cdots + K_n e^{p_n t}$$

当 $F(s)$ 某极点等于零，或为共轭复数时，同样可用上述方法求解。

例 A-3 求 $F(s) = \frac{4s+5}{s^2+5s+6}$ 的拉普拉斯反变换。

解：

$$F(s) = \frac{4s+5}{s^2+5s+6} = \frac{K_1}{s+2} + \frac{K_2}{s+3}$$

$$K_1 = \frac{4s+5}{s+3}\bigg|_{s=-2} = -3$$

$$K_2 = \frac{4s+5}{s+2}\bigg|_{s=-3} = 7$$

把 K_1、K_2 代入，然后查表可得

$$f(t) = -3e^{-2t}1(t) + 7e^{-3t}1(t)$$

(2) $F(s)$ 有重极点 设 $F(s)$ 有 r 个重极点，其余极点均不相同，则

$$F(s) = \frac{B(s)}{A(s)} = \frac{B(s)}{a_n(s-p_1)^r(s-p_{r+1})\cdots(s-p_n)}$$

$$= \frac{K_{11}}{(s-p_1)^r} + \frac{K_{12}}{(s-p_1)^{r-1}} + \cdots + \frac{K_{1r}}{s-p_1} + \frac{K_{r+1}}{s-p_{r+1}} + \frac{K_{r+2}}{s-p_{r+2}} + \cdots + \frac{K_n}{s-p_n}$$

式中，K_{11}，K_{12}，$\cdots$，K_{1r} 的求法如下：

$$K_{11} = F(s)(s-p_1)^r\big|_{s=p_1}$$

$$K_{12} = \frac{d}{ds}[F(s)(s-p_1)^r]\big|_{s=p_1}$$

$$K_{13} = \frac{1}{2!}\frac{d^2}{ds^2}[F(s)(s-p_1)^r]\big|_{s=p_1}$$

$$\vdots$$

$$K_{1r} = \frac{1}{(r-1)!}\frac{d^{r-1}}{ds^{r-1}}[F(s)(s-p_1)^r]\big|_{s=p_1}$$

其余系数 K_{r+1}，K_{r+2}，$\cdots$，K_n 的求法与前几种（无重极点）所讲述的方法相同，即

$$K_j = F(s)(s-p_j)\big|_{s=p_j} \quad (j=r+1, r+2, \cdots, n)$$

求得所有的待定系数后，$F(s)$ 的原函数为

$$f(t) = L^{-1}[F(s)]$$
$$= \left[\frac{K_{11}}{(r-1)!}t^{r-1} + \frac{K_{12}}{(r-2)!}t^{r-2} + \cdots + K_{1r}\right]e^{p_1 t} + K_{r+1}e^{p_{r+1}t} + K_{r+2}e^{p_{r+2}t} + \cdots + K_n e^{p_n t}$$

附录 B　自动控制的物理基础

集成运算放大器与外部电阻、电容、半导体器件等构成闭环电路后，能对各种模拟信号进行比例、加法、减法、微分、积分、对数、反对数、乘法和除法等运算，以及有源滤波、采样保持等信号处理工作，分析依据"虚断"和"虚短"。线性应用的条件是必须引入深度负反馈。集成运算放大器线性应用的基本电路以及输出电压与输入电压的关系（电压传输关系）见表 B-1。

表 B-1　集成运算放大器基本电路以及输出电压与输入电压的关系

名称	电路	电压传输关系	说明
反相比例运算	（电路图）	$u_o = -\dfrac{R_f}{R_1}u_i$ $R_2 = R_1 // R_f$	$u_- = u_+ = 0$ R_2 为平衡电阻
同相比例运算	（电路图）	$u_o = \left(1 + \dfrac{R_f}{R_1}\right)u_i$ $R_2 = R_1 // R_f$	$u_- = u_+ = u_i$ R_2 为平衡电阻
反相加法运算	（电路图）	$u_o = -\left(\dfrac{R_f}{R_1}u_{i1} + \dfrac{R_f}{R_2}u_{i2}\right)$ $R_3 = R_1 // R_2 // R_f$	$u_- = u_+ = 0$ R_3 为平衡电阻
减法运算	（电路图）	$u_o = -\dfrac{R_f}{R_1}u_{i1} + \left(1 + \dfrac{R_f}{R_1}\right)\dfrac{R_3}{R_2 + R_3}u_{i2}$ 当 $R_f = R_1$、$R_3 = R_2$ 时 $u_o = \dfrac{R_f}{R_1}(u_{i2} - u_{i2})$ $R_2 // R_3 = R_1 // R_f$	$u_- = u_+ = 0$ 运用叠加定理分析

（续）

名称	电路	电压传输关系	说明
积分运算		$u_o = -\dfrac{1}{RC}\int u_i dt$ $R_1 = R$	$u_- = u_+ = 0$ R_1 为平衡电阻
微分运算		$u_o = -RC\dfrac{du_i}{dt}$ $R_1 = R$	$u_- = u_+ = 0$ R_1 为平衡电阻

参 考 文 献

[1] 胡寿松. 自动控制原理 [M]. 6版. 北京：科学出版社，2013.
[2] 梅晓榕. 自动控制原理 [M]. 4版. 北京：科学出版社，2017.
[3] 谢莉萍，顾家蒨. 自动控制原理学习指导及习题解答 [M]. 北京：机械工业出版社，2010.
[4] 张德丰，等. MATLAB自动控制系统设计 [M]. 北京：机械工业出版社，2010.
[5] 廖常初. S7-1200 PLC应用教程 [M]. 北京：机械工业出版社，2017.
[6] 陈晓军，蒋琦娟. 传感器与检测技术项目式教程 [M]. 北京：电子工业出版社，2017.